AutoCAD
基础、实例与案例通用教程
（视频教学版）

卫涛◎编著

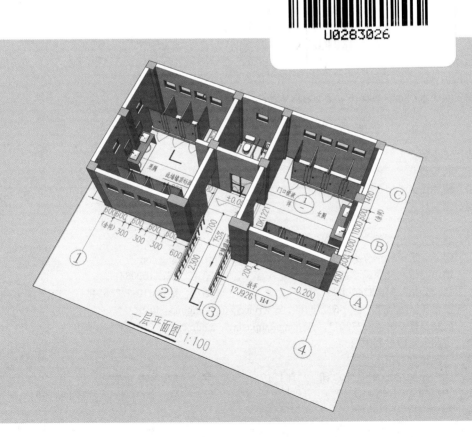

清華大學出版社

北京

内 容 简 介

本书结合大量实例与经典案例，由浅入深地介绍 AutoCAD 绘图的基础知识与常用技巧。本书完全按照专业设计的要求介绍 AutoCAD 绘图命令的用法，并根据实战的高要求，全程采用快捷键、命令与命令缩写相结合的模式绘图，让读者深刻理解所学知识，从而高效绘图。另外，本书配 12 小时高品质教学视频、教学 PPT 和"学习卡片"文件等配套资源，帮助读者高效、直观地学习。

本书共 15 章，首先介绍 AutoCAD 绘图前的准备工作，包括键盘和鼠标操作、定制操作界面、保存文件、对象捕捉和提示信息等；然后详细介绍 AutoCAD 的基础操作，包括基础绘图命令、基础编辑命令、设置绘图环境、图形管理、测量与查询、高级编辑操作、比例与监视器、输入与编辑文字、尺寸标注等；接着介绍动态图块、中间命令和快速作图等提高作图效率的操作方式；继而完成两个综合案例，一个是机械设计案例——绘制棘轮机构，另一个是建筑设计案例——绘制公共卫生间（因篇幅所限，该案例以视频方式提供）；最后介绍 AutoCAD 三维制图的基本功能。

本书内容翔实，实例丰富，结构严谨，讲解细腻，适合所有的 AutoCAD 初学者阅读，也可作为大中专院校建筑学、土木工程、建筑电气与智能化、给排水科学与工程、环艺设计、景观设计、城乡规划、机械制造及自动化等专业以及相关培训机构的教材，还可供机械设计、房地产开发、建筑施工、工程造价、BIM 咨询与设计等相关从业人员参考。

图书在版编目（CIP）数据

AutoCAD 基础、实例与案例通用教程：视频教学版 /
卫涛编著. -- 北京：清华大学出版社，2024. 10.
ISBN 978-7-302-67542-6

Ⅰ . TP391.72

中国国家版本馆 CIP 数据核字第 2024XW2968 号

责任编辑：王中英
封面设计：欧振旭
责任校对：胡伟民
责任印制：宋　林

出版发行：清华大学出版社
　　　　网　　　址：https://www.tup.com.cn，https://www.wqxuetang.com
　　　　地　　　址：北京清华大学学研大厦 A 座　　　　邮　　编：100084
　　　　社　总　机：010-83470000　　　　　　　　　　邮　　购：010-62786544
　　　　投稿与读者服务：010-62776969，c-service@tup.tsinghua.edu.cn
　　　　质量反馈：010-62772015，zhiliang@tup.tsinghua.edu.cn
印　装　者：定州启航印刷有限公司
经　　　销：全国新华书店
开　　　本：185mm×260mm　　　印　　张：19　　　字　　数：475 千字
版　　　次：2024 年 12 月第 1 版　　　　　　　　印　　次：2024 年 12 月第 1 次印刷
定　　　价：79.80 元

产品编号：107416-01

笔者接触绘图工作是从针管笔、丁字尺、图板开始的。到了 1995 年，笔者开始学习与使用 AutoCAD 进行绘图，当时采用的是运行于 DOS 系统的 AutoCAD R12 版。随着技术的发展，"甩图板"时代来了——几乎一夜之间，设计人员的办公桌上从原来的图板变成了 386 和 486 计算机。1999 年，笔者作为一名讲师开始给学生讲授运行于 Windows 95 操作系统上的 AutoCAD R14。如今，笔者还在继续从事 AutoCAD 教学工作。毫不夸张地说，笔者是我国第一批使用 AutoCAD 进行绘图的人，也是我国第一批从事 AutoCAD 教学的人。长期使用 AutoCAD 并从事教学的经历让笔者对该软件有独到的理解，对相关教学也有深刻的理解和独特的方法。笔者认为，学习 AutoCAD 不仅要重视对绘图工具的掌握，而且要重视对绘图工作的理解。

笔者将 AutoCAD 的学习过程分为三个阶段：一是上手阶段，会略感不易；二是上手后的绘图阶段，会感觉绘图也不难；三是提高阶段，会感觉比较难。之所以如此，是因为 AutoCAD 的绘图功能是由一个个命令完成的，一个命令解决一个问题，对于刚开始接触的人而言会觉得这样操作很"机械"，不太容易适应；不过一旦上手，这样的"机械"操作使得绘图者熟能生巧，自然就熟练了，因此感觉绘图也不难；但这也带来一个问题——容易让绘图思维陷入定式，很难跳出具体操作而从整体上审视绘图工作，绘图者虽然频繁地敲击键盘和移动鼠标，但其实他做的很多操作可能是重复的，导致工作的进展并不大。

笔者认为，要想提高绘图效率，就要很好地掌握 AutoCAD，而要想掌握好 AutoCAD，就必须有正确的学习方法。然而翻遍近年出版的 AutoCAD 图书，也鲜见一本能真正带领读者高效学习绘图的书。因此，笔者决定结合自己近 30 年的 AutoCAD 使用经验编写一本书，用文、图、视频相结合的方式给 AutoCAD 学习者提供立体化的学习指导，帮助他们花费较少的时间即可较好地掌握 AutoCAD 绘图。

本书主要解决 AutoCAD 三个学习阶段的难题：一是解决如何快速入门的问题，主要介绍 AutoCAD 的操作方式与常用操作命令等内容；二是解决如何熟练绘图的问题，主要介绍 AutoCAD 的绘图命令与编辑命令，并通过大量典型绘图实例带领读者进行实践，从而达到熟练绘图的目的；三是解决如何提高绘图效率的问题，主要介绍透明命令、动态图块和无辅助线绘图模式等内容。

本书与市面上已经出版的绝大多数 AutoCAD 图书有所不同。后者很多类似于软件说明文档，对读者的学习很不友好。有的还是多人合作，每人写一章或几章，然后组成一本书，这样的书往往前后脱节，学习效果不佳。而本书从写作素材积累到正式成稿前后经历好几年的时间，无论是内容的组织结构，还是实例的选择，乃至讲授方法等都独具特色，而且由笔者一人独自编写，可以确保图书风格前后一致，不会出现脱节现象。笔者确信，本书比已经出版的绝大多数 AutoCAD 图书更加适合读者学习，尤其对于那些没有任何基础的入门读者而言更是如此。相信在本书的引领下，读者可以花费较短的时间系统地掌握 AutoCAD 的常用绘图技巧，从而提高绘图效率，增强职场竞争力。

本书特色

1．配高品质教学视频，提高学习效率

本书配 12 小时高品质同步教学视频，帮助读者高效、直观地学习。读者不但可以将视频下载到手机、平板计算机和个人计算机（PC）上观看，而且还可以在 B 站上随时随地在线观看，非常方便。

2．典型实例教学

本书第 2、3 章选用笔者在工作中绘制的多幅二维图作为教学实例。这些实例非常典型，不仅可以帮助读者熟练地掌握 AutoCAD 的常用绘图命令，而且可以训练读者的绘图思维。

3．经典案例教学

建筑设计和机械设计是 AutoCAD 应用最广泛的两个领域。本书选用两个经典案例引领读者进行绘图实践，一个是机械设计案例——绘制棘轮机构，另一个是建筑设计案例——绘制公共卫生间（因篇幅所限，该案例以视频方式提供）。这两个案例综合使用前面章节所学的知识点，不但可以加深读者对这些知识点的理解，而且可以让读者建立一个完整的知识体系，从整体上理解和把握 AutoCAD 绘图，从而建立基本的绘图思维。

4．采用快捷键、命令与命令缩写相结合的模式绘图

本书按照专业设计的要求介绍 AutoCAD 绘图命令的用法，并根据实战的高要求，全程采用快捷键、命令与命令缩写相结合的模式绘图，让读者深刻理解所学知识，从而准确、快速地绘图，提高出图效率。本书附录 A 和 B 分别提供 AutoCAD 常用命令缩写和快捷键的用法。

5．采用"学习卡片"辅助学习

在本书的配套资源中有一个"学习卡片.DWG"文件，该文件中有多个"学习卡片"，卡片的内容与图书的相关章节相匹配，一个卡片介绍一个命令或一个系统变量或一个实例。本书在讲授时会提醒读者找到相应的卡片辅助学习，从而边学习边操作。读者在学习的过程中如果忘记了前面章节所学的命令，不用切换视窗就可以直接在相关卡片中找到，这样可以大大提高学习效率。本书附录 D 提供所有"学习卡片"的名称和编号。可以说，"学习卡片"是本书独有的一大特色。

6. 提供完善的售后服务

本书提供售后服务 QQ 群、B 站、电子邮箱和微信公众号等多种服务渠道，为读者的学习保驾护航，读者在阅读本书的过程中有任何疑问都可以通过这些渠道获得帮助。

本书内容

第 1 章主要介绍工程制图的常识、AutoCAD 的特点、键盘和鼠标操作、定制操作界面、保存文件、AutoCAD 绘图操作的特点、对象捕捉和人机交互提示信息等绘图前的准备工作。

第 2 章主要介绍限制光标移动的方法，以及画线、画圆、画圆弧、画椭圆和画多边形等基础绘图命令，并用 5 个经典实例综合使用这些命令。

第 3 章主要介绍选择对象的方法，以及移动、复制、倒角、缩放、镜像、偏移、裁剪、延伸、拉长、拉伸、阵列和打断等基础编辑命令，并用 7 个经典实例综合使用这些命令。

第 4 章主要介绍视图变换、设置点样式和线型等绘图环境的设置方法。

第 5 章主要介绍图层、图块、组 3 种图形管理方法。

第 6 章主要介绍测量与查询两种查看方法。

第 7 章主要介绍对象特性、编辑多段线、分解对象和编辑对象的操作等高级编辑操作。

第 8 章主要介绍绘图前如何设置比例与监视器。

第 9 章主要介绍如何输入与编辑文字，主要包括单行文字与多行文字的输入，控制码与堆叠符号两种特殊符号的输入，以及常用的文字编辑方法。

第 10 章主要介绍尺寸标注的方法，主要包括设置标注样式、直线类标注、弧线类标注、连续标注、基线标注以及修改标注的方法。

第 11 章主要介绍动态图块的创建与操作方法，并用 3 个典型实例进行操作实践。

第 12 章主要介绍命令修饰符的相关知识和中间命令——透明命令的用法，这类命令是可以在主命令的运行过程中被执行的。

第 13 章主要介绍拖曳与无辅助线绘图模式两种提高作图效率的方法。

第 14 章主要介绍一个经典的机械设计综合案例——绘制棘轮机构，从而展现 AutoCAD 机械绘图的一般流程。

第 15 章主要介绍 AutoCAD 三维绘图的入门知识，并引入一个经典案例——绘制凉亭，从而综合使用三维绘图命令和三维绘图方法。

附录 A 收录 AutoCAD 常用命令缩写。

附录 B 收录 AutoCAD 常用快捷键。

附录 C 收录建筑设计图纸。

附录 D 收录本书要用到的所有"学习卡片"的编号、名称及其对应的章节，以方便读者学习时查找，从而快速地将学习内容与卡片对应起来。

配套资源获取方式

为了方便读者高效、直观地学习，本书特意为读者赠送以下配套资源：

❏ 12 小时高品质同步教学视频；
❏ 教学课件（教学 PPT）；
❏ 学习卡片 DWG 格式文件；
❏ 注释性比例 DWG 格式文件。

上述配套资源有两种获取方式：一是关注微信公众号"方大卓越"，回复数字"32"自动获取下载链接；二是在清华大学出版社网站（www.tup.com.cn）上搜索到本书，然后在本书页面上找到"资源下载"栏目，单击"网络资源"或"课件下载"按钮进行下载。另外，本书教学视频也同步上传至"B 站"上，以方便读者在线观看，相关信息在读者获取本书配套资源下载链接时会同步发送。

读者对象

❏ 没有任何基础的 AutoCAD 入门人员；
❏ 从事建筑设计与建筑相关专业设计的人员；
❏ 从事机械设计与机械制造的人员；
❏ 从事室内设计的人员；
❏ 房地产开发从业人员；
❏ 建筑施工从业人员；
❏ 工程造价从业人员；
❏ 建筑设计软件、机械设计软件和绘图软件爱好者；
❏ 大中专院校建筑学、土木工程、建筑电气与智能化、给排水科学与工程、环艺设计、景观设计、城乡规划、机械制造及自动化等相关专业的学生；
❏ 相关培训机构的学员。

致谢

感谢武汉华夏理工学院城乡规划专业的王佳怡、余子健和王培悦 3 位同学在本书的制表与制图中给予笔者的支持与帮助。本书的编写工作承蒙卫老师环艺教学实验室全体同仁的支持与关怀，在此对大家表示感谢！还要感谢清华大学出版社的相关编辑在本书的策划、编写与出版过程中给予笔者的大力支持！最后感谢各位读者，本书因你们而有价值！

售后服务

虽然笔者对本书所述内容都尽量核对和完善，但因时间所限，书中可能还存在一些疏漏和不足之处，敬请各位读者批评与指正。在阅读本书时如果有疑问，可以通过售后服务 QQ 群或电子邮箱（bookservice2008@163.com）联系笔者或编辑，以获得帮助。读者在"方大卓越"微信公众号上获取本书配套资源下载链接时会同步收到售后服务 QQ 群号等相关信息。

卫涛

2024 年 11 月

目录

第1章　绘图前的准备工作

本章介绍在学习和应用 AutoCAD 之前需要掌握的知识，如工程制图、计算机的操作等常识。

1.1　预 备 知 识

本节介绍工程制图的常识和键盘、鼠标的操作，这些知识与 AutoCAD 有着一定的联系。

1.1.1　工程制图的常识

劳动分工提高了工作效率。在房屋建造中，建筑设计人员与建筑施工人员分工；在机械制造中，机械设计人员与制造人员分工……作为脑力劳动者，设计人员的设计意图如何表达出来，如何让别人领会，需要一座联系的"桥梁"，这座"桥梁"就是工程图。

设计人员在绘制工程图时，大体采用两种方式：三维立体视图和二维平面视图。由于采用计算机作图，所以在概念上用"视图"替换"图纸"。

三维立体视图又分为轴测图（没有近大远小的消失关系）和透视图（符合人眼的视觉效果，有近大远小的消失关系）。图 1.1 为轴测图，图 1.2 为透视图。

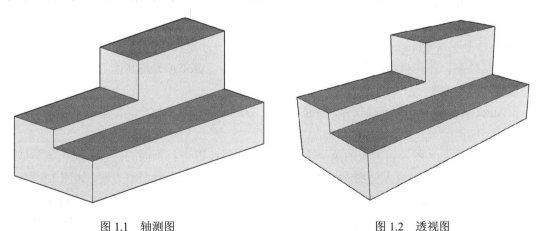

图 1.1　轴测图　　　　　　　　　　　　　　图 1.2　透视图

二维平面视图一般采用平行正投影法绘制三视图，即用三个方向的平行正投影（每个方向绘制一个视图）表达一个对象，如图 1.3 所示。其中，①为正视图，②为左视图，

③为俯视图。使用平面视图表达三维对象有一定的局限性，为了准确表达，可使用多个平面视图表达一个三维对象。三视图就是用三种不同视角的平行正投影去表达一个三维对象，建造者可以利用这三个视图中的点、线、面的对应关系来理解设计人员的设计意图。

为什么设计人员不用三维立体视图表达自己的设计意图呢？

因为将实体对象用三维立体视图在平面显示器中表达是一个模拟的过程，模拟人眼在观看三维实体之后在大脑中的映像，所以只是"看起来像"，但并不准确。三维立体视图还有一个致命的缺点，即不方便标注尺寸。

因此，在工程制图中，设计人员普遍使用三视图表达自己的设计意图。

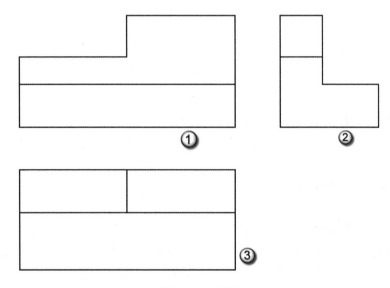

图 1.3 三视图

本书使用 AutoCAD 绘制的绝大部分图形是三视图。

1.1.2 AutoCAD 的特点

CAD 是英文 Computer Aided Design 的简称，即"计算机辅助设计"。这里的"设计"不仅包括绘图，还包括运算。具有强大的运算功能是 AutoCAD 与其他工程制图软件的一个区别。

AutoCAD 是矢量图绘制软件。矢量图与位图是两个相对的概念，常用的位图编辑软件是 Photoshop。

位图由像素（图片元素）的单个点组成，这些点可以进行不同的排列和染色以构成图像，如图 1.4 所示。当放大位图时，可以看见构成整个图像的无数个小方块，如图 1.5 所示。

矢量图是由线连接的点，矢量文件中的图形元素被称为对象。矢量图中的每个对象都是一个自成一体的实体，具有颜色、形状、轮廓、大小和屏幕位置等属性，如图 1.6 所示。矢量图被无限放大也不会出现图像失真的情况，只是对象的放大系数参数被改变而已，如图 1.7 所示。

图 1.4　正常的位图

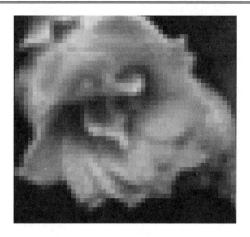

图 1.5　放大之后的位图

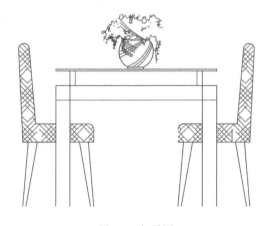

图 1.6　矢量图

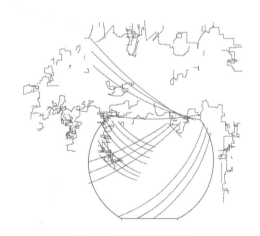

图 1.7　放大后的矢量图

AutoCAD 的作图过程极为精确。使用 AutoCAD 绘制的图形，其坐标、面积、长度等可以精确到小数点后好几位，如图 1.8 所示。选择一个矩形，然后按 Ctrl+1 快捷键，在弹出的"特性"面板中可查看对象的坐标、面积、长度等数值。

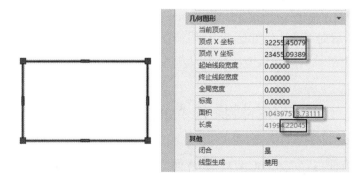

图 1.8　精确的作图过程

因此，在使用 AutoCAD 设计、制图时，一定要仔细、精确。

以上是 AutoCAD 的三大特点：强大的运算功能性、矢量制图、精确的作图过程。

1.1.3 键盘和鼠标操作

开手动档汽车时，左手握在方向盘上，右手需要在方向盘与换档杆之间来回切换。这样的左右手分工同样适用于使用 AutoCAD 绘图时键盘与鼠标操作。左手在键盘上，右手在键盘与鼠标之间来回切换，如图 1.9、1.10 所示。右手在默认情况下操作鼠标，需要右手操作键盘时切换到键盘，操作完键盘后马上回到鼠标上。

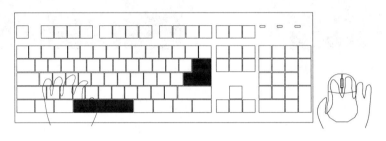

图 1.9　键鼠操作 1

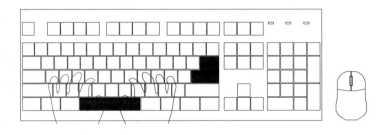

图 1.10　键鼠操作 2

初学 AutoCAD 的人经常会混淆鼠标的左右键，这与新手上路时经常踩错油门与刹车一样。学习和使用 AutoCAD 时一定要记住鼠标的右键是"确认"，其余的功能皆由左键完成（如选择对象、绘图等）。

使用 AutoCAD 作图时，按键盘上的 Space（空格）键等同于按 Enter（回车）键，也等同于右击鼠标，皆是"确认"功能。在一般情况下，"确认"功能由左手的大拇指按 Space 键完成。因为左手总是放在键盘上，左手的大拇指则习惯性地放在 Space 键上待击。

1.2　定制操作界面与保存文件

本节介绍两方面内容：AutoCAD 操作界面的定制和文件的保存。

1.2.1　定制操作界面

从 AutoCAD 2009 版开始，便一个软件有两种界面：传统界面与罗宾（Ribbon，汉译丝带）界面共存，并可以自由地切换。

AutoCAD 的传统界面如图 1.11 所示，命令由菜单栏（图中①处）、工具栏（图中②处）组成。AutoCAD 的罗宾界面如图 1.12 所示，命令集成到命令选项板中。这个选项板像一条丝带，因此被称作 Ribbon，音译为"罗宾"。

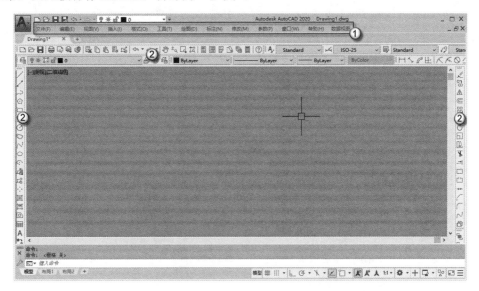

图 1.11　传统界面

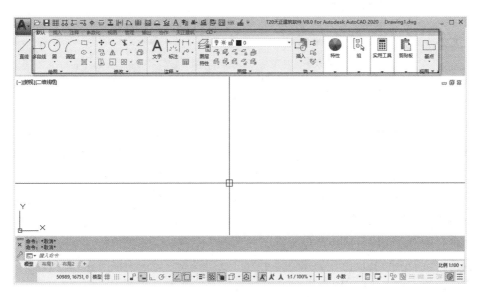

图 1.12　罗宾界面

这两种界面的切换可以单击右下角的"切换工作空间"按钮（图中①处）进行，"AutoCAD 经典"选项（图中②处）为传统界面，"草图与注释"选项（图中③处）为罗宾界面，如图 1.13 所示。

如何将 AutoCAD 的界面定制为符合设计师作图要求的界面？首先要选择是以传统界面还是以罗宾界面为蓝本进行定制。

根据全球个人计算机的销量统计，笔记本电脑的销量要高于台式机的出货量。相对而言，笔记本电脑的屏幕较小，选项板会占用有限的作图区域。因此本节选用传统界面为基准进行操作界面的定制。

图 1.13 切换工作空间

（1）只保留"图层""特性""样式"三个工具条，去掉其他工具条。

（2）不显示滚动条与文件选项卡。输入 OP 命令，在弹出的"选项"对话框中单击"显示"选项卡，去掉"在图形窗口中显示滚动条"和"显示文件选项卡"两个复选框的勾选，如图 1.14 所示。

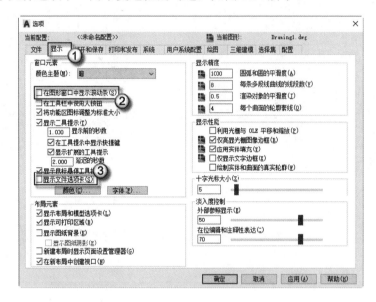

图 1.14 不显示滚动条与文件选项卡

（3）设置界面的颜色。切换"颜色主题"为"明"选项，单击"颜色"按钮，在弹出的"图形颜色"对话框中的"界面元素"中选择"统一背景"选项，在"颜色"栏中切换至"选择颜色"选项，在弹出的"选择颜色"对话框中选择"索引颜色"选项卡，选择 253号颜色，单击"确定"按钮，单击"应用并关闭"按钮，如图 1.15 所示。这样设置之后，整个 AutoCAD 的界面，包括作图区皆为一种灰色（RGB 都为 253）。这样设置的好处是，设计师将对象设定为哪种颜色，就显示哪种颜色。而在默认的黑色背景下，如果设置一些亮的颜色，会显示为其反色，如黑色显示为白色，深灰色显示为浅灰色等。

（4）调整十字光标的大小。在"十字光标大小"栏中调整十字光标的大小为 100，如图 1.16 所示。这样，十字光标会满屏显示。这样做的好处是，在不绘制辅助线的情况下，可以用十字光标大致对比一下多个对象的位置。

（5）不显示 ViewCube。选择"三维建模"选项卡，去掉"二维线框视觉样式"和"所有其他视觉样式"两个复选框的勾选，单击"确定"按钮，如图 1.17 所示。ViewCube 是在三维建模时使用的工具，AutoCAD 制图用三视图平面表达，用不到这个工具，所以可以不显示。

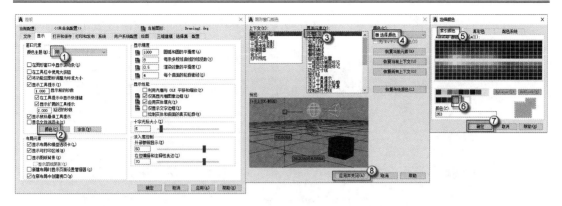

图 1.15　设置界面的颜色

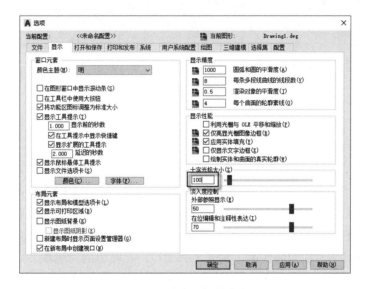

图 1.16　十字光标的大小

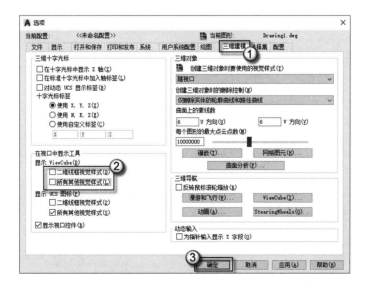

图 1.17　不显示 ViewCube

定制好的界面如图 1.18 所示。可以看到，这个界面简洁明了，作图区域足够大。

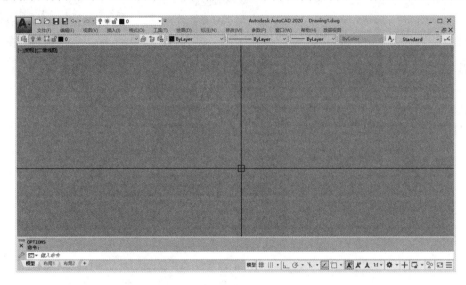

图 1.18　定制好的界面

1.2.2　保存文件

AutoCAD 文件的扩展名是 DWG。打开一个 DWG 文件，编辑之后再保存时会在同目录下生成一个 BAK 文件，这是一个备份文件。当主文件（DWG 文件）损坏或不小心被删除时，只需将备份文件（BAK 文件）的扩展名修改为 DWG，就可以利用备份文件进行操作。

设置自动存盘文件的间隔时间。输入 OP 命令，在弹出的"选项"对话框中选择"打开和保存"选项卡（图中①处），在"文件安全措施"栏中可以看到默认以 5 分钟为间隔时间的自动保存文件（图中②处），自动保存的临时文件的扩展名为 ac$（图中③处），如图 1.19 所示。

图 1.19　自动存盘文件的间隔时间

注意：自动保存间隔时间不能太短，也不能太长。太短，AutoCAD 会频繁地保存，影响作图的速度。太长，则很可能会因为没有及时保存而影响备份文件的使用。所以，自动保存间隔时间以 15~20 分钟为宜。

设置自动保存文件的位置。输入 OP 命令，在弹出的"选项"对话框中选择"文件"选项卡（文中①处），在"自动保存文件位置"栏中可以看到默认保存目录（图中②处），如果需要修改这个位置，可以单击"浏览"按钮（图中③处），如图 1.20 所示。

图 1.20　设置自动保存文件的位置

注意：要使用自动保存文件，需要将其扩展名改为 DWG。在 Windows 中，如果文件不显示扩展名，则不能修改，需要在"此电脑"中选择"查看"选项卡，勾选"文件扩展名"复选框，如图 1.21 所示。

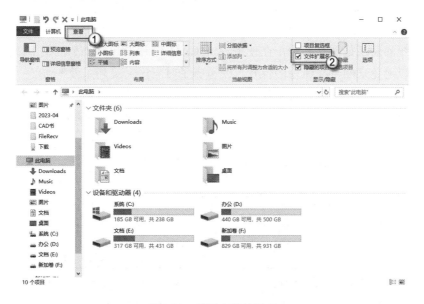

图 1.21　显示文件扩展名

1.3　AutoCAD 绘图操作的特点

AutoCAD 与其他绘图软件的操作有些不同。

1.3.1　单一命令驱动

AutoCAD 的操作是一个命令解决一个问题，即这个命令结束之后再进行下一个命令。取消命令按 Esc 键，结束命令即完成命令是"确认"操作，可以单击鼠标右键，或按 Enter 或 Space 键。

也有一些特殊命令是在执行过程中运行的，叫"中间命令"。"中间命令"主要分两类，即透明命令与命令修饰符，如图 1.22 所示。

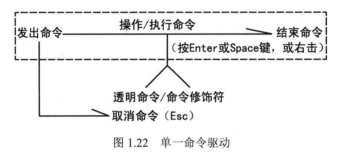

图 1.22　单一命令驱动

1.3.2　命令的发出

AutoCAD 的传统界面命令发出有三种方式：菜单栏、工具栏、键盘输入。罗宾界面命令发出有两种方式：选项卡按钮、键盘输入。

不论传统界面还是罗宾界面，在使用 AutoCAD 进行设计时，都应使用键盘输入的方法。这样可以避免来回查找命令的位置，既节省了时间，又提高了效率。

在使用键盘输入命令时，可以输入命令的缩写，如直线命令 Line 只输入 L，裁剪命令 Trim 只输入 TR，使用命令缩写可以提高绘图的效率。AutoCAD 常用命令缩写详见本书附录 A。

AutoCAD 既有快捷键，又有命令缩写，如表 1.1 所示。

表 1.1　AutoCAD的快捷键与命令缩写

	举　　例
快捷键	F3、Ctrl+1
命令缩写	L、TR、REC

AutoCAD 的命令缩写可以自定义。在菜单栏中选择"工具"|"自定义"|"编辑程序参数（acad.pgp）"命令，在弹出的"acad.pgp-记事本"对话框中找到";;ACAD"栏，如图

1.23 所示。在这一栏的下面增加一行，按照此栏中已有的内容输入需要增加的命令缩写，然后保存，重启 AutoCAD 或使用命令 Reinit 即可。

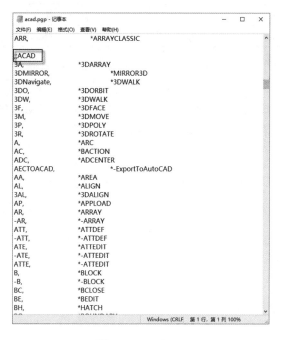

图 1.23　acad.pgp

1.3.3　命令的分类

AutoCAD 的命令分为两大类：命令与系统变量。命令就是绘图和编辑等操作。系统变量是一些系统配置参数，有的像开关，有的是调整默认值，有的在好几个选项中选择一个。

现在的鼠标基本上都有中间滚轮，中间滚轮又叫中轮或中键，如图 1.24 的①处所示。在 AutoCAD 中单击中轮能实现两个功能：平移视图和弹出对象捕捉菜单。使用 MBUTTONPAN 系统变量，可以切换这两个功能，如表 1.2 所示。

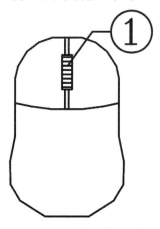

图 1.24　带滚轮的鼠标

表 1.2　MBUTTONPAN系统变量

系 统 变 量	功　能
1	平移视图
0	弹出对象捕捉菜单

在 AutoCAD 的操作中，由于平移视图使用频率比对象捕捉多，所以 MBUTTONPAN 的默认值是 1。

误操作系统变量会影响作图效率，这时可以使用 SYSVARMONITOR 命令，以监视系统变量的变化，相关内容后面章节会详细介绍。

1.4　对　象　捕　捉

对象捕捉中的对象具体指"点"（如端点、交点、中点、垂足等）和"线"（如延长线、平行线等）。

1.4.1　操作对象捕捉

作图一般指画点、线、面，而 AutoCAD 作图绝大部分指画线。画线有两种方案：通过精确的点定位和直接指定线的长度。

通过精确的点定位也有两种方案：对象捕捉和直接输入坐标。因为在绘图时很难知道坐标的具体数值，所以"直接输入坐标"这个方法很少用到。

下面通过画圆来说明"直接指定线的长度"这个方法。如图 1.25 所示，圆可以用两个点（图中①②）来绘制，①点是圆心，①→②是圆的半径，也可以先确定圆心（①点），然后直接输入圆的半径来绘制圆。

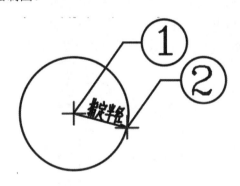

图 1.25　绘制圆

对象捕捉的限制：仅当 AutoCAD 提示输入点时，对象捕捉才生效。

对象捕捉有以下三种操作方法：

（1）按住 Ctrl 键或 Shift 键不放右击，会弹出对象捕捉菜单。

（2）屏幕右下角的"对象捕捉" □ 按钮（或 F3 快捷键）是对象捕捉的开关，如果需要设置对象捕捉，可以右击这个按钮，在弹出的菜单中选择需要的对象捕捉选项。

（3）直接输入 Osnap（缩写 OS，不区分大小写）命令并按"空格"键，在弹出的"草图设置"对话框中的"对象捕捉"选项卡中进行相应的操作，如图 1.26 所示。

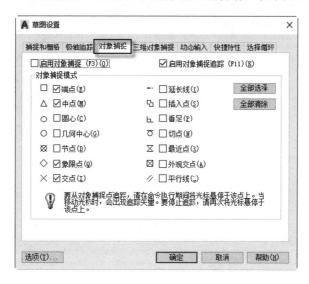

图 1.26　草图设置

具体的点与线的对象捕捉请读者查看本书配套资源中的教学视频。教学视频共介绍了 9 个点和两种线的对象捕捉，如表 1.3 所示。

表 1.3　本书配套资源中的对象捕捉

类　　型	对 象 捕 捉	学习卡片的编号
点	端点	B08
	中点	B09
	圆心	B10
	垂足	B11
	几何中心点	B12
	交点	B13
	象限点	B14
	切点	B15
	最近点	B16
线	平行线	B17
	延长线	B18

1.4.2　对象捕捉的位码

位码是一类特殊的系统变量。位码有很多选项，每个选项对应一个数值。与系统变量不同的是，位码不是通过输入的数值来改变选项，而是通过输入的数值的和来改变选项。这里通过对象捕捉的位码（OSMODE）来说明位码的使用方法，如表 1.4 所示。

表 1.4 对象捕捉的位码

值	对 象 捕 捉
0	无
1	端点
2	中点
4	圆心
8	节点
16	象限点
32	交点
64	插入点
128	垂足
256	切点
512	最近点
1024	几何中心
2048	外观交点
4096	延长线
8192	平行线
16384	禁止对象捕捉

这个位码的默认值是 4133。4133=1+4+32+4096。1 代表端点，4 代表圆心，32 代表交点，4096 代表延长线。4133 就是如图 1.27 所示的设置。

如常用设置 OSMODE 为 167。167=1+2+4+32+128。1 代表端点，2 代表中点，4 代表圆心，32 代表交点，128 代表垂足。167 就是如图 1.28 所示的设置。

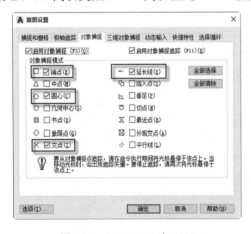

图 1.27　OSMODE 为 4133

图 1.28　OSMODE 为 167

1.4.3　实例

打开学习卡片 B21，可以看到有一大一小的两个圆对象，如图 1.29 所示。要求绘制一条这两个圆的公切线。

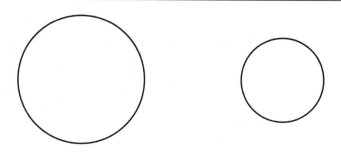

图 1.29　两个圆对象

（1）设置对象捕捉。直接输入命令 Osnap（缩写 OS，不区分大小写）并按"空格"键，在弹出的"草图设置"对话框中勾选"启用对象捕捉"复选框，勾选"端点""象限点""切点"三个复选框，单击"确定"按钮，如图 1.30 所示。

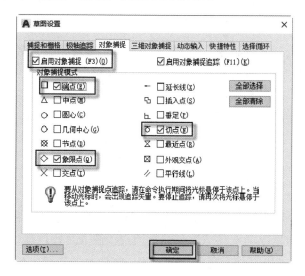

图 1.30　设置对象捕捉

（2）绘制第一条直线（辅助线）。直接输入直线命令 Line（缩写 L，不区分大小写）并按"空格"键，命令行提示"指定第一个点"。如图 1.31 所示，单击大圆上部的象限点（图中①处），命令行提示"指定第二个点"，光标移动到小圆上，当出现"切点"字样时，单击这个点（图中②处）完成第一条直线的绘制。

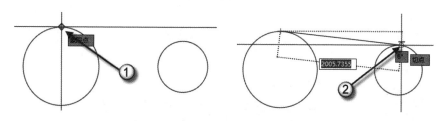

图 1.31　绘制第一条直线（辅助线）

（3）按"空格"键，重复上一步的"直线"命令，命令行提示"指定第一个点"。如图 1.32 所示，单击上一步绘制的直线的右侧端点作为起点（图中③处），命令行提示"指定第二个点"，将光标移动到大圆上，当出现"切点"字样时，单击这个点（图中④处）完成第二条直线的绘制，这条线才是两个圆的公切线。

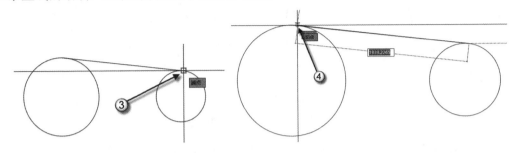

图 1.32　绘制第二条直线（公切线）

（4）删除第一条直线（辅助线）。直接输入删除命令 Erase（缩写 E，不区分大小写）并按"空格"键，命令行提示"选择对象"，选择第一条直线并按"空格"键完成操作。

🔔注意：对象捕捉中的切点捕捉很特殊，只有在命令行提示"指定第二个点"时才能使用。命令行提示"指定第一个点"时，无法使用切点的捕捉。这很好理解，第一个点是直线的起点，起点无法与圆相切，所以本例在绘制公切线时，画了两条直线，第一条是辅助线，目的是引出一个切点。

1.5　人机交互提示信息

AutoCAD 的操作是一种人机交互的过程。绘图人员通过键盘和鼠标，将指令传达给 AutoCAD，同时 AutoCAD 也会将一些信息反馈给绘图人员，这就形成了人机交互。将指令传达给 AutoCAD 是本书其他章节讲解的内容，此处不再赘叙。本节讲解 AutoCAD 如何将信息反馈给绘图人员，即提示信息。如图 1.33 所示，提示信息主要由三部分组成：光标的变化（图中①处）、动态输入（图中②处）和命令行提示（图中③处）。

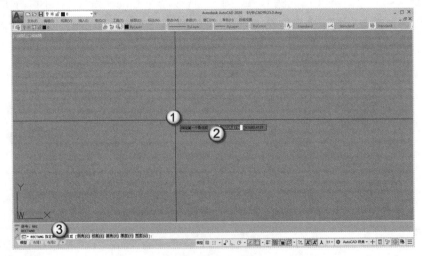

图 1.33　提示信息

1.5.1　光标的变化

AutoCAD 的光标主要有三种变化：等待命令模式、绘制图形模式和选择对象模式，三者的区别如表 1.5 所示。

表 1.5　光标的变化

光标的样式	模　　式	说　　　明
	等待命令模式	此时AutoCAD等待绘图人员发出命令
	绘制图形模式	绘图人员已经发出绘图类的命令，准备进一步绘图
	选择对象模式	绘图人员已经发出编辑类的命令，准备选择对象

绘图人员可以根据光标的变化清楚地了解 AutoCAD 所处模式，以及下一步应怎么进行、做什么工作。

1.5.2　命令行提示

命令行不仅会提示绘图人员下一步要做什么，而且还会列出一些选项让绘图人员进行选择。本节以矩形命令 Rectang 为例说明命令行的使用方法。

直接输入矩形命令 Rectang（缩写 REC，不区分大小写）并按"空格"键。

命令行的提示为"指定第一个角点或 [倒角(C)/标高(E)/圆角(F)/厚度(T)/宽度(W)]:"。

按照命令行的提示，单击第一个角点，然后单击第二个角点，绘制矩形。

也可以输入 C 并按"空格"键，设置矩形的倒角距离，生成有倒角的矩形。

还可以输入 E 并按"空格"键，设置矩形的标高，这样生成的矩形会定位到有标高的平面上（默认情况生成的矩形是在 Z=0 的平面上，即没有标高的平面）。

还可以输入 F 并按"空格"键，设置矩形的圆角半径，生成有圆角的矩形。

还可以输入 T 并按"空格"键，设置矩形的厚度，生成三维的长方体。

还可以输入 W 并按"空格"键，设置矩形的线宽，生成有宽度的矩形。

20 世纪 80 年代末期基于 DOS 版的 AutoCAD 便有命令行功能，这个功能提示绘图人员一步一步应该如何操作。在没有动态输入功能时，AutoCAD 的每一步操作都得依赖命令行的提示。

1.5.3 动态输入提示

AutoCAD 2006 推出了动态输入提示功能，而在此之前，AutoCAD 的提示信息是在命令行中展现的。动态输入提示功能将提示信息呈现在十字光标交点附近。这个功能极大地改善了 AutoCAD 的操控性。如果在命令行看提示信息，会频繁地低头或抬头，影响作图效率。动态输入提示将提示信息直接呈现在十字光标交点附近，绘图人员的视线直接随着十字光标移动，便不用低头去看命令行了。

这个功能极像高级小汽车中的 HUD（抬头显示系统）。HUD 将仪表盘中的一些信息，如车速、发动机转速、即时油耗、档位等信息投射到挡风玻璃上，驾驶员在驾驶时不用低头看仪表盘，只用平视挡风玻璃就可获得这些信息，这便增加了车辆在驾驶时的安全系数。

关闭或打开动态输入提示有三个方法：F12 键、＝按钮、系统变量 DYNPROMPT。

系统变量 DYNPROMPT 的具体数值见表 1.6。

表 1.6　系统变量DYNPROMPT的值

值	说　明
0	关闭动态输入提示
1	打开动态输入提示

注意：命令行提示与动态输入提示的信息是一样的。由于可显示区域的原因，命令行提示的信息要全面一些，而动态输入提示只会取选一些重要的信息。

1.5.4 鼠标悬停工具提示

打开 B31 学习卡片，移动光标至填充图案对象上不动，会弹出相应的对象信息，如图层、颜色、线型等，如图 1.34 所示。

调整悬停工具提示。直接输入命令 CUI（不区分大小写）并按"空格"键，在弹出的"自定义用户界面"对话框中选择"鼠标悬停工具提示"选项，选择"图案填充"选项，勾选"面积"复选框，单击"确定"按钮，如图 1.35 所示。再次移动光标至填充图案对象上不动，可以看到悬停工具提示中增加了面积选项，如图 1.36 所示。使用这种方法可以快速查看填充对象的面积。

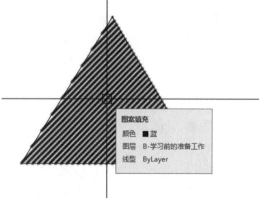

图 1.34　填充对象的悬停提示

图 1.35　自定义用户界面

　　在 B27 学习卡片中，除了三角形的填充对象外还有一个圆对象（图中①处）和一个矩形对象（图中②处），如图 1.37 所示。读者可按照学习过的方法自行调整并查看对象的悬停工具提示。

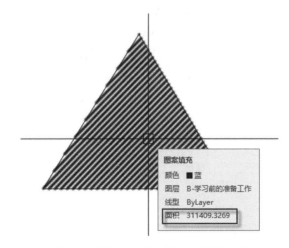

图 1.36　悬停工具提示增加了面积选项

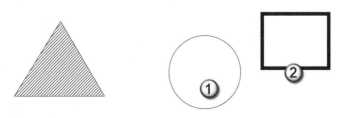

图 1.37　另外两个对象

第 2 章　基础绘图命令

本章介绍 AutoCAD 最基础的几个绘图命令，掌握之后，绘图人员可以绘制简单的几何图形。

2.1　限制光标移动的方法

光标在屏幕上自由移动不利于作图，所以，绘图人员需要限制光标，使其按照一定的规则进行移动。

2.1.1　正交

在绘图和编辑过程中，可以随时打开或关闭"正交"。打开"正交"之后，可以将光标限制在水平或垂直方向上移动，以便精确地创建和修改对象。

"正交"的快捷键是 F8 或 Ctrl+L，还可以单击 ⌐ 按钮。

临时打开或关闭"正交"。如果关闭了"正交"，可以在绘图时按住 Shift 键临时打开"正交"，松开 Shift 键取消临时打开。如果打开了"正交"，可以在绘图的过程中按住 Shift 键不放临时关闭"正交"，松开 Shift 键取消临时正交。

因为是按住 Shift 键才能生效，而松开 Shift 键就失效，所以这种方式在 AutoCAD 中叫临时替代键。

2.1.2　极轴追踪

使用极轴追踪，应先设置极轴角，光标将沿着带有角度的极轴移动，图中①处的虚线为极轴，光标沿极轴移动时会出现"极轴"字样（图中②处），图中③处的角度为"极轴角"，如图 2.1 所示。

极轴追踪的快捷键是 F10 键，也可以单击 ↺ 按钮。设置极轴角，可以右击这个按钮，然后选择"正在追踪设置"选项，在弹出的"草图设置"对话框中默认激活的是"极轴追踪"选项卡。极轴角设置分为两类：增量角（图中①处）与附加角（图中②处），如图 2.2 所示。

附加角：只添加一个角度来限定移动的角度，此处只设置了一个角度 45°。

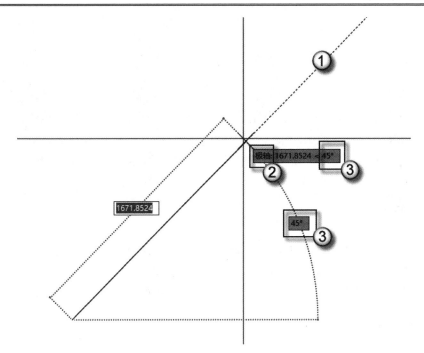

图 2.1　极轴

图 2.2　极轴追踪

增量角：按增量角的整数倍来限定移动的角度，此处设置为 30°的增量度，那么极轴角就可以是 30°、60°、90°、120°、150°等。

注意：正交与极轴追踪一次只能打开一个。打开正交后，极轴追踪自动关闭。打开极轴追踪后，正交自动关闭。

2.2 画　　线

线条是组成图形的基本元素。实际上，不论多么复杂的图形，总是由不同的线段、点、圆弧、尺寸及文字组成。线条的形式各式各样，如直线、拆线、曲线、多段线、多线等。除了形式不同之外，线条又可以有不同的颜色、线宽、线型，如连续线、点画线、虚线等。

2.2.1　画直线

直线是指两端都没有端点的线。直线可以向两端无限延伸，是不可测量长度的。线段是指两端都有端点的线。线段不可延长，可以测量长度。

AutoCAD 的直线命令 Line（缩写 L，不区分大小写）实际上绘制的是线段而不是直线。

1．绘制一条长度为3300mm的水平线段

（1）直接输入直线命令 Line（缩写 L，不区分大小写）并按"空格"键。

（2）命令行提示"指定第一个点"，单击屏幕上绘图区域的任意一点作为线段的起点。

（3）按 F8 快捷键打开"正交"模式。

（4）命令行提示"指定下一点或 [放弃(U)]:"，光标向右水平移动以确定直线的方向。

（5）输入 3300（线段的长度）并按"空格"键完成操作。

2．几条首尾相接线段的闭合

如果用"直线"命令已经连续画了 2 条或 2 条以上的线段，还要继续画下一条线段，可在命令行提示"指定下一点或 [放弃(U)]:"时输入 C（不区分大小写）并按"空格"键，这时可以绘制首尾相接的闭合线段。

3．自动捕捉上一条线段的结束点

如果已经执行过一次"直线"命令，则当再次启动"直线"命令后，在命令行提示"指定第一个点"时直接按"空格"键可以从最后绘制的一条线段的结束点开始绘制新的直线。

4．绘制指定长度与角度的直线

在绘制直线时，动态输入提示有长度栏（图中①处）和角度栏（图中②处），如图 2.3 所示。默认是长度栏激活，要切换至角度栏可以按 Tab 键（可以来回切换）。

绘制一条夹角为 35°、长度为 4200mm 的直线段。

（1）直接输入直线命令 Line（缩写 L，不区分大小写）并按"空格"键。

（2）命令行提示"指定第一个点"，单击屏幕上绘图区域的任意一点作为线段的起点（图中③处）。按 Tab 键，切换至角度栏，输入 35（图中②处），即此直线角度为 35°，如图 2.4 所示。

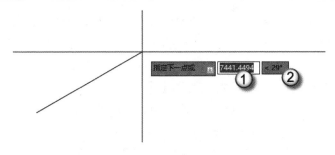

图 2.3　长度栏与角度栏

（3）按 Tab 键，切换至长度栏，输入 4200，按"空格"键结束操作，如图 2.5 所示。

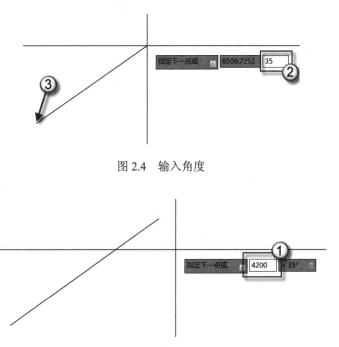

图 2.4　输入角度

图 2.5　输入长度

🔔注意：在绘制有角度的直线段时必须先设置角度，再指定长度。因为 AutoCAD 是根据
　　　角度来延长直线的。在角度栏输入角度值后应按 Tab 键，而不是换 Enter 键。

2.2.2　画多段线

多段线在老版 AutoCAD 中叫多义线，指有多种定义的线段。多种定义是指线段有直
线段，也有弧线段；线段的宽度有多种，线段的起点宽度与终点宽度也可以不一样。

1.　绘制由直线段组成的多段线

（1）按 F8 快捷键打开"正交"模式。

（2）直接输入多段线命令 PLine（缩写 PL，不区分大小写）并按"空格"键，命令行

提示"指定起点："，单击屏幕上绘图区域的任意一点作为多段线的起点。

（3）命令行提示"指定下一个点或 [圆弧(A)/半宽(H)/长度(L)/放弃(U)/宽度(W)]："，向左水平移动光标，输入 W 并按"空格"键，命令行提示"指定起点宽度 <0.0000>："，按"空格"键（确认起点的宽度为 0，起点为图中①处），命令行提示"指定端点宽度 <0.0000>："，输入 50 并按"空格"键（设置端点的宽度为 50mm，端点为图中②处），输入 3000 并按"空格"键（图中①②之间的距离为 3000mm），命令行提示"指定下一点或 [圆弧(A)/闭合(C)/半宽(H)/长度(L)/放弃(U)/宽度(W)]："。垂直向下移动光标，输入 W 并按"空格"键，命令行提示"指定起点宽度 <50.0000>："，按"空格"键（确认新的一段线的起点宽度为 50，起点为图中②处），命令行提示"指定端点宽度 <50.0000>："，输入 0 并按"空格"键（设置端点的宽度为 0，新的端点为图中③处），输入 3600 并按"空格"键（图中②③之间的距离为 3600mm），如图 2.6 所示。

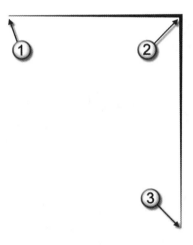

图 2.6　绘制多段线 1

2. 绘制由直线段和弧线段组成的多段线

（1）直接输入多段线命令 PLine（缩写 PL，不区分大小写）并按"空格"键，命令行提示"指定起点："，单击屏幕上绘图区域的任意一点作为多段线的起点。

（2）命令行提示"指定下一个点或 [圆弧(A)/半宽(H)/长度(L)/放弃(U)/宽度(W)]："，输入 A 并按"空格"键，由默认的绘制直线段变为绘制弧线段，命令行提示"指定圆弧的端点或[角度(A)/圆心(CE)/方向(D)/半宽(H)/直线(L)/半径(R)/第二个点(S)/放弃(U)/宽度(W)]："，输入 W 并按"空格"键，命令行提示"指定起点宽度 <0.0000>："，按"空格"键（确认起点宽度为 0，起点为图中①处），命令行提示"指定端点宽度 <0.0000>："，输入 50 并按"空格"键（设置端点的宽度为 50mm，端点为图中②处）。向右水平移动光标，输入 1800 并按"空格"键（图中①②之间的距离即弧的直径为 1800mm），命令行提示"指定圆弧的端点或[角度(A)/圆心(CE)/闭合(CL)/方向(D)/半宽(H)/直线(L)/半径(R)/第二个点(S)/放弃(U)/宽度(W)]："，输入 L 并按"空格"键，由绘制弧线段变为绘制直线段，向右水平移动光标，输入 1800 并按"空格"键（图中②③之间的距离为 1800mm）。

（3）命令行提示"指定下一个点或 [圆弧(A)/半宽(H)/长度(L)/放弃(U)/宽度(W)]："，输入 A 并按"空格"键，由绘制直线段变为绘制弧线段，命令行提示"指定圆弧的端点或[角度(A)/圆心(CE)/方向(D)/半宽(H)/直线(L)/半径(R)/第二个点(S)/放弃(U)/宽度(W)]："，输入 W 并按"空格"键，命令行提示"指定起点宽度 <50.0000>："，按"空格"键（确认新一段圆弧的起点宽度为 50，起点为图中③处），命令行提示"指定端点宽度 <50.0000>："，输入 0 并按"空格"键（设置新一段圆弧端点的宽度为 0），向上垂直移动光标，输入 1800 并按"空格"键（图中③④之间的距离即弧的直径为 1800mm），再按"空格"键完成多段线的绘制，如图 2.7 所示。

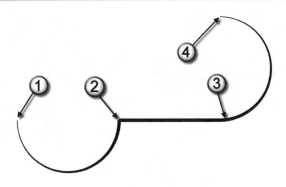

图 2.7　绘制多段线 2

2.2.3　画多线

多线在老版 AutoCAD 中叫作平行线，在一般情况下只绘制两条平行线。

1. 多线的对正

直接输入多线命令 MLine（缩写 ML，不区分大小写）并按"空格"键，命令行提示"指定起点或 [对正(J)/比例(S)/样式(ST)]:"，输入 J 并按"空格"键，进入对正设置，命令行提示"输入对正类型 [上(T)/无(Z)/下(B)] <上>:"，默认是"上"对正。

平行线有三类对正方式：

（1）上对正（输入 T 并按"空格"键），在绘制多线时，光标在两条平行线上边的一条上，如图 2.8 所示。

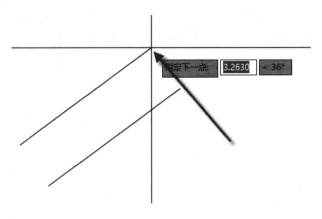

图 2.8　上对正

（2）无对正（输入 Z 并按"空格"键），在绘制多线时，光标在两条平行线的中间，如图 2.9 所示。Z 是英文 Zero 的简写，此处为直译。

（3）下对正（输入 B 并按"空格"键），在绘制多线时，光标在两条平行线下边的一条上，如图 2.10 所示。

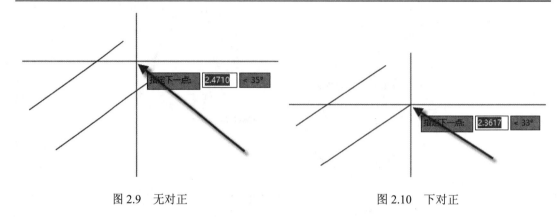

图 2.9　无对正　　　　　　　　　　　　　　图 2.10　下对正

⌂注意：多线的对正在默认情况下是上对正。但是在实践中，应用比较多的是无对正，即
　　　在绘制多线时，光标在两条平行线中间。

2. 多线的比例

直接输入多线命令 MLine（缩写
ML，不区分大小写）并按"空格"键，
命令行提示"指定起点或 [对正(J)/比
例(S)/样式(ST)]:"，输入 S 并按"空格"
键进入比例设置，命令行提示"输入
多线比例 <1.00>:"，输入 240 并按"空
格"键。

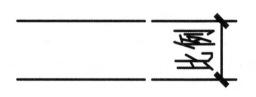

图 2.11　多线的比例

多线的比例是指两条平行线之间的距离，如图 2.11 所示。在建筑中，常见的砖墙是二
四墙，就是墙身的厚度为 240mm。在使用"多线"命令绘制"二四墙"时，多线的比例应
设置为 240。

3. 绘制多线

打开 R04 学习卡片，以①②为两侧端点，用"多线"绘制"二四"墙，如图 2.12 所示。

图 2.12　绘制多线

（1）设置多线。直接输入多线命令 MLine（缩写 ML，不区分大小写）并按"空格"
键，命令行提示"指定起点或 [对正(J)/比例(S)/样式(ST)]:"，输入 J 并按"空格"键；命
令行提示"输入对正类型 [上(T)/无(Z)/下(B)] <上>:"，输入 Z 并按"空格"键；命令行提
示"输入多线比例 <1.00>:"，输入 240 并按"空格"键。

（2）命令行提示"指定起点或 [对正(J)/比例(S)/样式(ST)]:"，单击①处的交点作为多

线起点，命令行提示"指定下一点:"，单击②处的交点作为多线起点，按"空格"键完成多线的绘制，如图 2.13 所示。

图 2.13 完成二四墙的绘制

2.3 画圆、圆弧和椭圆

本节介绍圆、圆弧、椭圆三种对象的绘制方法。

2.3.1 画圆

圆是组成图形最常用的对象之一。在实战中，经常要绘制圆。本节重点介绍两种绘制圆的方法：圆心半径法与两点法。其他的画圆方法需要使用菜单发出命令，将在本章后面的实例中介绍。

1. 圆心半径法

直接输入圆命令 Circle（缩写 C，不区分大小写）并按"空格"键，命令行提示"指定圆的圆心或 [三点(3P)/两点(2P)/切点、切点、半径(T)]:"，单击屏幕上绘图区域的任意一点作为圆的圆心（图中①处），向圆心外移动光标，方向随意，输入 2100 并按"空格"键完成画圆，如图 2.14 所示。

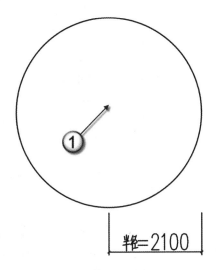

图 2.14 使用圆心半径法画圆

2．两点法

直接输入圆命令 Circle（缩写 C，不区分大小写）并按"空格"键，命令行提示"指定圆的圆心或 [三点(3P)/两点(2P)/切点、切点、半径(T)]:"，单击屏幕上绘图区域的任意一点作为圆的圆心（图中①处），向圆心外移动光标，方向随意，光标拉出圆的半径之后单击屏幕上的绘图区域（图中②处），如图 2.15 所示。两点法实际上就是利用①②两点的距离来指定圆的半径。

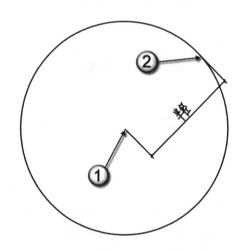

图 2.15　使用两点法画圆

2.3.2　画圆弧

可以将圆弧简单地理解为圆周上的一部分。圆弧也是组成图形的常用对象之一。在实战中，绘制圆弧的方法主要有三点法和圆心法、起点法、端点法。

1．三点法

直接输入圆弧命令 Arc（缩写 A，不区分大小写）并按"空格"键，命令行提示"圆弧的起点或 [圆心(C)]:"，单击屏幕上绘图区域的任意一点作为圆弧的起点（图中①处），命令行提示"指定圆弧的第二个点或 [圆心(C)/端点(E)]:"，单击屏幕上绘图区域的任意一点作为圆弧的第二个点（图中②处），命令行提示"指定圆弧的端点"，单击屏幕上绘图区域的任意一点作为圆弧的端点（图中③处）完成圆弧的绘制，如图 2.16 所示。这里就是用三个点①→②→③来绘制圆弧。

2．圆心法、起点法、端点法

直接输入圆弧命令 Arc（缩写 A，不区分大小写）并按"空格"键，命令行提示"圆弧的起点或 [圆心(C)]:"，输入 C 并按"空格"键，单击屏幕上绘图区域的任意一点作为圆弧的圆心（图中①处），命令行提示"指定圆弧的起点:"，移动光标，单击屏幕上绘图区域

的任意一点作为圆弧的起点（图中②处），命令行提示"指定圆弧的端点"，沿逆时针方向
移动光标，单击屏幕上绘图区域的任意一点作为圆弧的端点（图中③处），完成圆弧的绘制，
如图 2.17 所示。

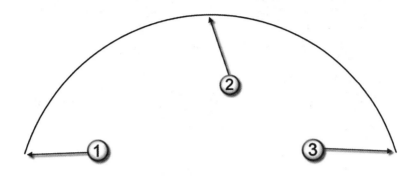

图 2.16　使用三点法画圆弧

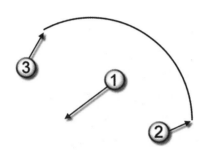

图 2.17　使用圆心、起点、端点法画圆弧

注意：②→③是沿逆时针方向转动。因为 AutoCAD 默认设置是逆时针方向为正，顺时
针方向为负。

2.3.3　画椭圆

椭圆的绘制方法有两种。第一种方法是先定出长轴的两个端点，然后再给出短轴的半
轴长，这种方法叫轴点法和端点法。第二种方法是先定出椭圆的中心，然后定出长轴的端
点，最后再给出短轴的半轴长，这种方法叫中心点法。

1．轴点法和端点法

直接输入椭圆命令 Ellipse（缩写 EL，不区分大小写）并按"空格"键，命令行提示"指
定椭圆的轴端点或 [圆弧(A)/中心点(C)]:"，单击屏幕上绘图区域的任意一点作为长轴的起
点（图中①处），命令行提示"指定轴的另一个端点:"，向左移动光标，单击屏幕上绘图区
域的任意一点作为长轴的端点（图中②处），命令行提示"指定另一条半轴长度或 [旋转
(R)]:"，向下移动光标，单击屏幕上绘图区域的任意一点作为短轴的端点（图中③处）完成

椭圆的绘制，如图 2.18 所示。

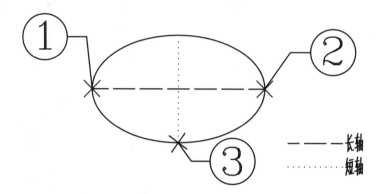

图 2.18　使用轴点法和端点法绘制椭圆

2．中心点法

直接输入椭圆命令 Ellipse（缩写 EL，不区分大小写）并按"空格"键，命令行提示"指定椭圆的轴端点或 [圆弧(A)/中心点(C)]:"，输入 C 并按"空格"键，命令行提示"指定椭圆的中心点:"，单击屏幕上绘图区域的任意一点作为中心点（图中①处），命令行提示"指定轴的端点:"，向右移动光标，单击屏幕上绘图区域的任意一点作为长轴的端点（图中②处），命令行提示"指定另一条半轴长度或 [旋转(R)]:"，向下移动光标，单击屏幕上绘图区域的任意一点作为短轴的端点（图中③处），完成椭圆的绘制，如图 2.19 所示。

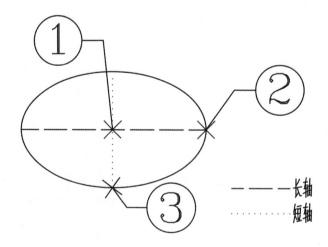

图 2.19　使用中心点法绘制椭圆

2.4　画多边形

本节介绍两个命令：矩形命令和正多边形命令。

2.4.1　画矩形

矩形又称为长方形，矩形命令是组成图形最常用的命令之一。在 AutoCAD 中有一个专门的命令用于绘制矩形。

1．对角点法

每个矩形都有 4 个顶点，在实际绘制矩形时，只需要确定 4 个顶点中的任意两个对角顶点即可确定矩形，这种方法叫对角点法。

直接输入矩形命令 Rectang（缩写 REC，不区分大小写）并按"空格"键，命令行提示"指定第一个角点或 [倒角(C)/标高(E)/圆角(F)/厚度(T)/宽度(W)]:"，单击屏幕上绘图区域的任意一点作为矩形的一个对角点（图中①处），命令行提示"指定另一个角点或 [面积(A)/尺寸(D)/旋转(R)]:"。移动光标，单击屏幕上绘图区域的任意一点作为矩形的第二个对角点（图中②处）完成矩形的绘制，如图 2.20 所示。

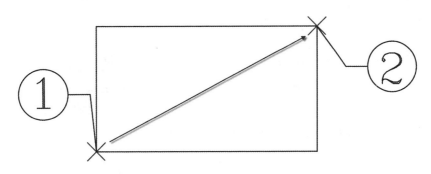

图 2.20　使用对角点法画矩形

使用对角点法绘制具体尺寸的矩形要用到相对坐标，相关内容在本书后面会详细介绍。

2．尺寸法

直接输入矩形命令 Rectang（缩写 REC，不区分大小写）并按"空格"键，命令行提示"指定第一个角点或 [倒角(C)/标高(E)/圆角(F)/厚度(T)/宽度(W)]:"，单击屏幕上绘图区域的任意一点作为矩形的一个对角点（图中①处），命令行提示"指定另一个角点或 [面积(A)/尺寸(D)/旋转(R)]:"，输入 D 并按"空格"键使用尺寸法绘制矩形，命令行提示"指定矩形的长度 <10.0000>:"，输入 3300 并按"空格"键，命令行提示"指定矩形的宽度 <10.0000>:"，输入 2400 并按"空格"键，命令行提示"指定另一个角点或 [面积(A)/尺寸(D)/旋转(R)]:"，在屏幕上转动光标（以①点为中心转动），依次会出现②③④⑤四种矩形，出现②所示矩形时单击屏幕确定，便绘制了一个 3300mm×2400mm 的矩形，如图 2.21 所示。

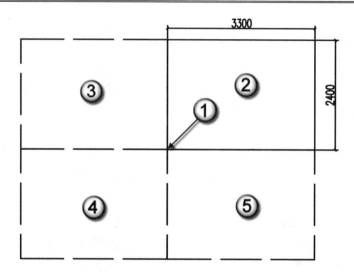

图 2.21　使用尺寸法画矩形

2.4.2　画正多边形

所谓正多边形，是指每条边的长度相等且所有内角也相等的多边形。例如，常见的正方形是正四边形，等边三角形是正三边形，螺母截面的外缘是正六边形等。有的正多边形如果使用规尺作图会非常复杂，如正五边形、正七边形等，但如果使用 AutoCAD 来绘制则相对快捷和方便，这也体现了 AutoCAD 强大的计算功能。

1．内接于圆

内接于圆就是在绘制正多边形时十字光标的交点在正多边形的一个顶点上（图中①处）。以正多边形的几何中心（图中②处）为圆心，以①②连线为半径画图，正多边形是这个圆（图中的虚线圆）的内接正多边形，因此这个方法得名为"内接于圆"，如图 2.22 所示。

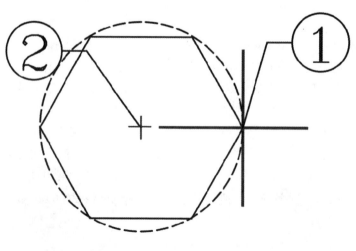

图 2.22　内接于圆

直接输入多边形命令 Polygon（缩写 POL，不区分大小写）并按"空格"键，命令行提示"输入侧面数 <4>:"，输入 6 并按"空格"键绘制正六边形，命令行提示"指定正多边形的中心点或 [边(E)]:"，单击屏幕上绘图区域的任意一点作为正多边形的中心（图 2.22 中②处），命令行提示"输入选项 [内接于圆(I)/外切于圆(C)] <I>:"，直接按"空格"键，选择默认的"内接于圆"方法绘图，命令行提示"指定圆的半径:"，输入 900 并按"空格"键完成正六边形的绘制，900mm 为图 2.22 中①②的距离。

2．外切于圆

外切于圆就是在绘制正多边形时十字光标的交点在正多边形的边的中点上（图中①处）。以正多边形的几何中心（图中②处）为圆心，以①②连线为半径画图，正多边形是这个圆（图中的虚线圆）的外切正多边形，因此这个方法得名"外切于圆"，如图 2.23 所示。

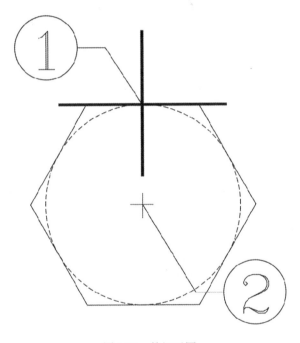

图 2.23　外切于圆

直接输入多边形命令 Polygon（缩写 POL，不区分大小写）并按"空格"键，命令行提示"输入侧面数 <4>:"，输入 6 并按"空格"键，绘制正六边形，命令行提示"指定正多边形的中心点或 [边(E)]:"，单击屏幕上绘图区域的任意一点作为正多边形的中心（图 2.23 中②处），命令行提示"输入选项 [内接于圆(I)/外切于圆(C)] <I>:"，输入 C 并按"空格"键，选择"外切于圆"方法绘图，命令行提示"指定圆的半径:"，输入 1200 并按"空格"键完成正六边形的绘制，1200mm 为图 2.23 中①②的距离。

3．单边法

单边法就用两个点定出正多边形的一条边，然后由 AutoCAD 按逆时针方向自动生成正多边形的方法。

🔔**注意：** 如图 2.24 所示，用两个点（图中①②处）确定正多边形的一条边后可以生成两个
正多边形（图中实线与图中虚线），虚线的正多边形是按顺时针方向生成的，实
线的正多边形是按逆时针方向生成的。AutoCAD 的默认设置是逆时针方向为正，
所以单边法会按逆时针方向自动生成正多边形。

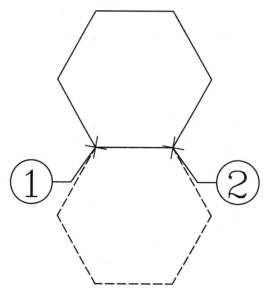

图 2.24　单边法

直接输入多边形命令 Polygon（缩写 POL，不区分大小写）并按"空格"键，命令行
提示"输入侧面数 <4>:"，输入 6 并按"空格"键绘制正六边形，命令行提示"指定正
多边形的中心点或 [边(E)]:"，输入 E 并按"空格"键用单边法绘制正多边形，命令行
提示"指定边的第一个端点:"，单击屏幕上绘图区域的任意一点作为边的起点（图 2.24
中①处），移动光标单击屏幕上另一点作为边的端点（图 2.24 中②处），完成正六边形
的绘制。

2.5　实　　例

前面几节介绍了 AutoCAD 常用的绘制命令。本节介绍五个小实例，综合使用这些
命令。

2.5.1　实例 1

打开学习卡片 R10，本节介绍如何绘制如图 2.25 所示的几何图形。绘制这个图形
会用到"矩形""直线""圆"三个命令。对象捕捉需要设置"端点""垂足""中点"三
个点。

（1）设置极轴追踪为 45°。直接输入命令 Osnap（缩写 OS，不区分大小写）并按"空

格"键，在弹出的"草图设置"对话框中选择"极轴追踪"选项卡，勾选"启用极轴追踪"
复选框，在"增量角"下拉列表中选择 45°，单击"确定"按钮，如图 2.26 所示。

（2）绘制一个矩形。直接输入矩形命令 Rectang（缩写 REC，不区分大小写）并按"空格"键，依次单击两个点（图中①②处）用对角点法绘制一个矩形，如图 2.27 所示。

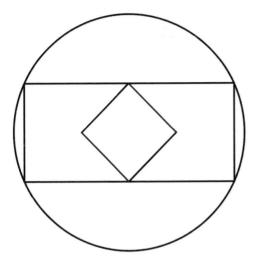

图 2.25　实例 1 绘图效果

图 2.26　设置极轴追踪

（3）使用"直线"命令连接矩形的两个对角点（图中①②处），这样会形成一条对角线
（图中③处），如图 2.28 所示。

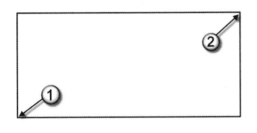

图 2.27　绘制一个矩形

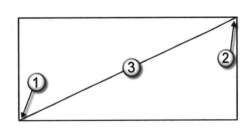

图 2.28　连接对角线

（4）用两点法画圆。直接输入圆命令 Circle（缩写 C，不区分大小写）并按"空格"
键，用两点法画圆，圆心为对角线的中点（图中④处），结束点为矩形对角线的一个端点（图
中②处），这样会生成一个圆（图中⑤处），如图 2.29 所示。

（5）绘制两条 45°的线。使用"直线"命令，以矩形上边线的中点为起点（图中⑥处）
向左下绘制一条 45°的线（图中⑧处），以矩形下边线的中点为起点（图中⑤处）向右上
绘制一条 45°的线（图中⑦处），长度不限，如图 2.30 所示。由于在第一步中设置了极轴
为 45°，所以这里画线时光标可以沿 45°的极轴移动。

（6）绘制两条垂线。使用"直线"命令过点⑤向线段⑧引一条垂线（图中⑩处），过点
⑥向线段⑦引一条垂线（图中⑨处），如图 2.31 所示。

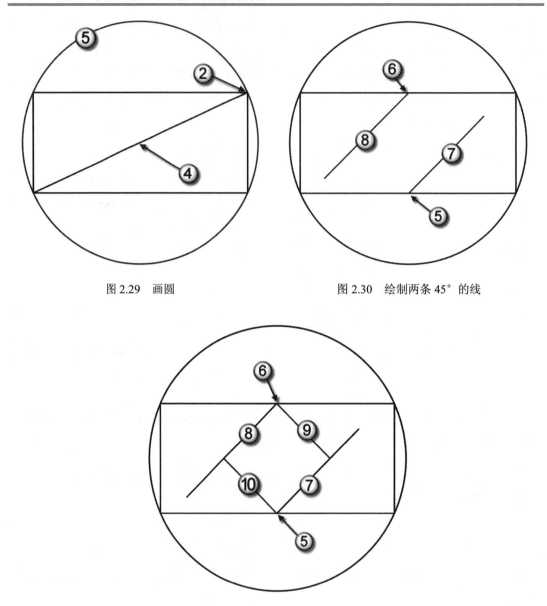

图 2.29　画圆　　　　　　　　　　　　　图 2.30　绘制两条 45°的线

图 2.31　绘制两条垂线

　　这个图形还需要使用一些编辑命令（如"裁剪"等）进行修饰，读者可以等后面学到这些知识时再进行下一步操作。

2.5.2　实例 2

　　打开学习卡片 R11，本节介绍如何绘制如图 2.32 所示的直角三角形。绘制这个图形会用到"直线""圆"两个命令。对象捕捉需要设置"端点""交点"两个点。

　　（1）绘制一条直线段。直接输入直线命令 Line（缩写 L，不区分大小写）并按"空格"键，命令行提示"指定第一个点"，单击屏幕上绘图区域的任意一点作为线段的起点（图中①处），按 F8 键打开正交并水平向右移动光标，输入 800 并按"空格"键生成一条长度为

800mm 的水平直线段（图中②处），如图 2.33 所示。

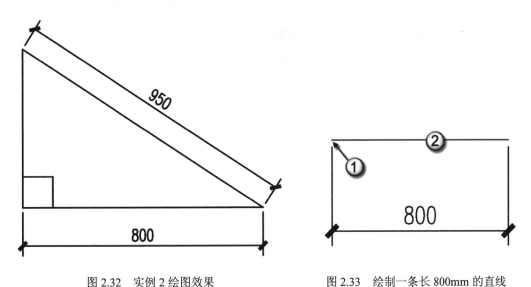

图 2.32　实例 2 绘图效果　　　　　　图 2.33　绘制一条长 800mm 的直线

（2）绘制一条垂线。以直线段的一个端点（图中①处）为直线起点向上垂直移动光标绘制一条垂线（图中③处），长度不限，如图 2.34 所示。

（3）绘制一个圆。直接输入圆命令 Circle（缩写 C，不区分大小写）并按"空格"键，单击点④作为圆心，输入 950 并按"空格"键，这样就绘制了一个半径为 950mm 的圆（图中⑤处），如图 2.35 所示。

注意：这一步绘制的圆是一个辅助圆，圆⑤与直线③相交于点⑥，这个点就是三角形的另一个顶点。

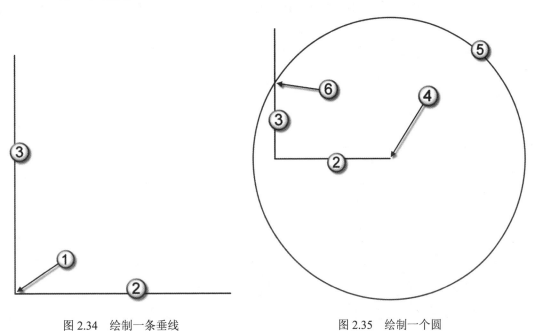

图 2.34　绘制一条垂线　　　　　　　图 2.35　绘制一个圆

（4）连线。使用"直线"命令连接④⑥两个点便形成三角形的一条斜边（图中⑦处），如图 2.36 所示。

这个图形还需要使用一些编辑命令（如"裁剪"等）进行修饰，读者可以等后面学到这些知识时再进行下一步操作。

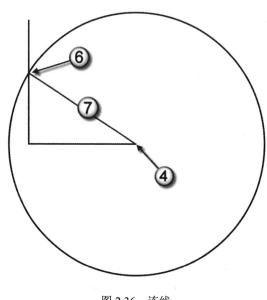

图 2.36　连线

2.5.3　实例 3

打开学习卡片 R12，本节介绍如何绘制如图 2.37 所示的几何图形。绘制这个图形会用到"直线""圆""正多边形"三个命令。对象捕捉需要设置"端点""中点""交点"三个点。

（1）使用"正多边形"命令绘制一个正六边形，具体绘图方法不限，尺寸不限，如图 2.38 所示。

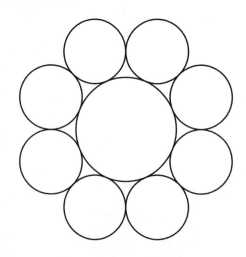

图 2.37　实例 3 绘图效果

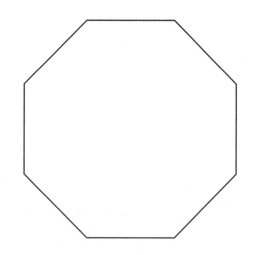

图 2.38　绘制一个正六边形

（2）绘制第一个圆。直接输入圆命令 Circle（缩写 C，不区分大小写）并按"空格"键用两点法画圆，圆心为正六边形的一个顶点（图中①处），结束点为正六边形一条边的中点（图中②处），如图 2.39 所示。

（3）绘制另一个圆。同样使用两点法画图，圆心为多边形的另一个顶点（图中③处），结束点为正六边形另一条边的中点（图中④处），如图 2.40 所示。

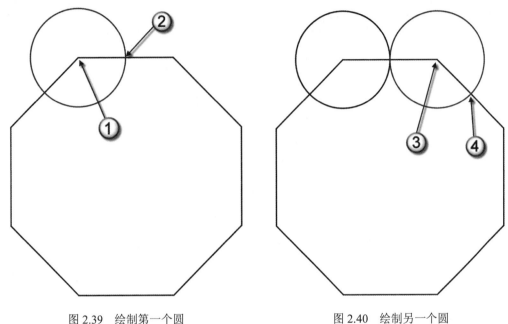

图 2.39　绘制第一个圆　　　　　　　　　　　图 2.40　绘制另一个圆

（4）绘制六个圆。使用同样的方法绘制出另外的六个圆（图形箭头所指处），如图 2.41 所示。

（5）绘制对角线。使用"直线"命令连接正六边形的两个对角点（图中⑤⑥处）生成对角线（图中⑦处），如图 2.42 所示。

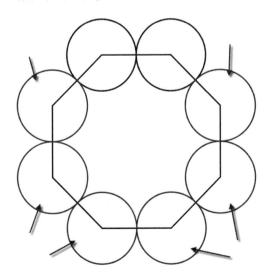
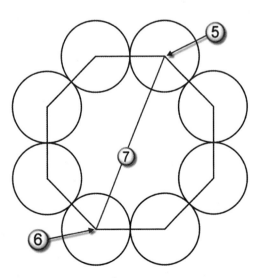

图 2.41　绘制六个圆　　　　　　　　　　　图 2.42　绘制对角线

（6）绘制圆。直接输入圆命令 Circle（缩写 C，不区分大小写）并按"空格"键用两点法画圆，圆心为对角线的中点（图中⑧处），结束点为对角线与圆的交点（图中⑨处），这样会生成一个圆（图中⑩处），如图 2.43 所示。

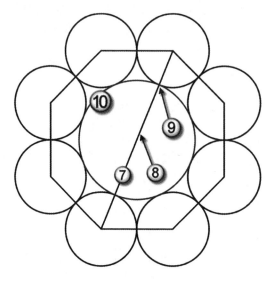

图 2.43　绘制圆

这个图形还需要修饰，如删除多余的辅助对象等，因为篇幅所限，请读者自行完成。

2.5.4　实例 4

打开学习卡片 R13，本节介绍如何绘制如图 2.44 所示的几何图形。绘制这个图形会用到"直线""圆"两个命令。对象捕捉需要设置"端点""切点"两个点。

（1）使用"直线"命令绘制出水平直线①和垂直直线②，长度不限，两线相交于点③。过点③绘制直线，按 Tab 键切换至角度栏，在角度栏中输入 227（图中④处），绘制一条角度为 227°的直线（图中⑤处），如图 2.45 所示。

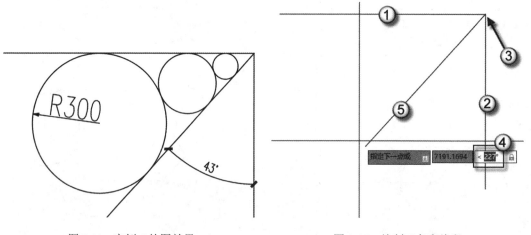

图 2.44　实例 4 绘图效果　　　　　　　图 2.45　绘制三条直线段

注意：图 2.44 中标注的角度为 43°，但在 AutoCAD 中绘制这个带角度的直线，其角度为 3×90-43=227 度。

　　（2）生成第一个圆。选择菜单"绘图"|"圆"|"相切、相切、半径"命令，分别选择①②两条直线作为相切的对象，输入 300 并按"空格"键可以生成第一个圆（图中④处），如图 2.46 所示。

　　（3）生成第二个圆。选择菜单"绘图"|"圆"|"相切、相切、相切"命令，分别选择①②两条直线和④的圆作为相切的对象可以生成第二个圆（图中⑤处），如图 2.47 所示。

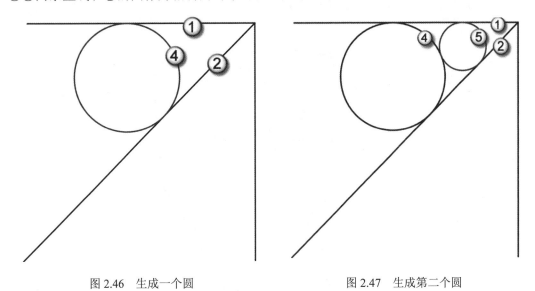

图 2.46　生成一个圆　　　　　　　　图 2.47　生成第二个圆

　　再使用"相切、相切、相切"的画圆命令生成一个圆，即可完成这个图形的绘制。

2.5.5　实例 5

　　打开学习卡片 R14，本节介绍如何绘制如图 2.48 所示的几何图形。绘制这个图形会用到"直线""圆弧"两个命令。对象捕捉需要设置"端点""交点""中点"三个点。

　　（1）绘制辅助线。使用"直线"命令绘制如图 2.49 所示的辅助线。

　　（2）绘制圆。使用两点法绘制如图 2.50 所示的圆。

　　（3）绘制圆弧 1。直接输入圆弧命令 Arc（缩写 A，不区分大小写）并按"空格"键，命令行提示"指定圆弧的起点或 [圆心(C)]:"，输入 C 并按"空格"键用圆心、起点、端点的方法绘制圆弧，命令行提示"指定圆弧的圆心"，单击图中①处的点作为圆弧的圆心，命令行提示"指定圆弧的起点"，单击图中②处的点作为圆弧的起点，命令行提示"指定圆弧的端点"，沿逆时针方向移动光标，单击图中③处的点作为圆弧的端点，从而绘制出一条圆弧，如图 2.51 所示。

　　（4）绘制圆弧 2。直接输入圆弧命令 Arc（缩写 A，不区分大小写）并按"空格"键，命令行提示"指定圆弧的起点或 [圆心(C)]:"，输入 C 并按"空格"键用圆心、起点、端点的方法绘制圆弧，命令行提示"指定圆弧的圆心"，单击图中①处的点作为圆弧的圆心，命令行提示"指定圆弧的起点"，单击图中②处的点作为圆弧的起点，命令行提示"指定圆弧的端点"，沿逆时针方法移动光标，单击图中③处的点作为圆弧的端点，从而绘制出一条圆弧，如图 2.52 所示。

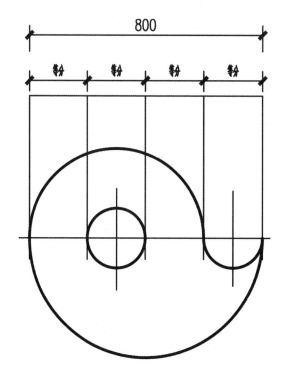

图 2.48　实例 5 绘图效果

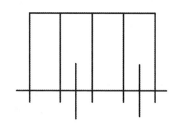

图 2.49　绘制辅助线

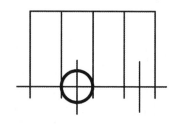

图 2.50　绘制圆

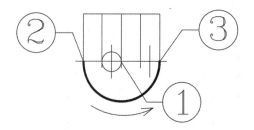

图 2.51　绘制圆弧 1

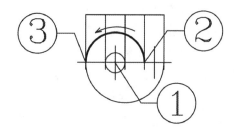

图 2.52　绘制圆弧 2

使用同样的方法绘制另一段圆弧完成操作。

第3章 基础编辑命令

第 2 章介绍了绘图命令。本章介绍编辑命令。编辑命令的特点是在已有对象的基础上进行一系列的编辑修改工作，形成新的对象。编辑命令与绘图命令最大的区别是要选择对象。

3.1 选 择 对 象

在 AutoCAD 中，当命令行或动态输入提示"选择对象"时，就可以选择对象了。本节详细介绍 AutoCAD 提供的几种选择对象的方法。

3.1.1 理解对象

对象（老版 AutoCAD 称为物体，其英文是 Object）是指组成图形的各基本元素，如直线（图中①处）、圆（图中②处）、椭圆（图中③处）、圆弧（图中④处）、多段线（图中⑤处）、尺寸标注（图中⑥处）、文字（图中⑦处）、填充图案（图中⑧处）等，如图 3.1 所示。在一般情况下，可以使用绘图命令（如直线、圆、圆弧等）来创建各种不同的对象，也可以利用已有的对象通过某些编辑命令（如本章要介绍的复制、镜像、阵列等）来创建新的对象。

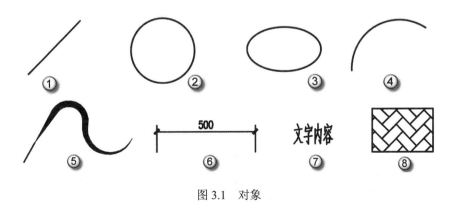

图 3.1　对象

来看单一型对象与复合型对象。图 3.2 中的两个图形都是正八边形，通过选择对象可以看到，图形①为 8 条直线，图形②为 1 个正八边形。

复合型对象可以用"分解"（EXPLODE）命令将其分解成单一型对象。

图 3.2　单一型对象与复合型对象

注意：在初学阶段建议先发出命令，再选择对象，切记不要搞错顺序。

3.1.2　窗口选择法

窗口选择法又称"框选"。在 AutoCAD 中，当提示"选择对象"时，从屏幕左侧向右侧用两点的方法拉出一个矩形选择框，这个框是实线框，完全框进去的对象才会被选上。

注意：必须先输入"删除"命令，才能按照"框选"的方法完成选择操作。

下面打开 E02 学习卡片，框选如图 3.3 所示的加粗对象。

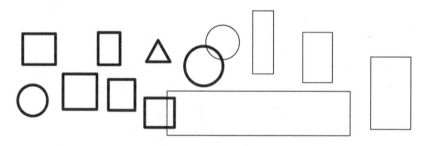

图 3.3　加粗的对象

直接输入删除命令 Erase（缩写 E，不区分大小写）并按"空格"键，命令行提示"选择对象"，从屏幕的左侧向右侧用两点（①→②）的方法拉出一个矩形选择框，这个框是实线框，完全框进去的对象会被选上，如图 3.4 所示。框选后，可一次性删除这些对象。

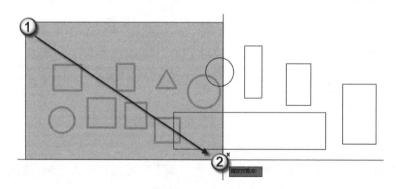

图 3.4　框选对象

3.1.3　交叉选择法

交叉选择法又称"叉选"。在 AutoCAD 中，当提示"选择对象"时，从屏幕的右侧向左侧用两点的方法拉出一个选择框，这个框是虚线框，只要碰上的对象就会被选上。

🔔**注意**：必须选输入"删除"命令，才能按照"叉选"的方法完成选择操作。

下面打开 E03 学习卡片，叉选如图 3.5 所示的加粗对象。

图 3.5　加粗的对象

直接输入删除命令 Erase（缩写 E，不区分大小写）并按"空格"键，命令行提示"选择对象"，从屏幕的右侧向左侧用两点（①→②）的方法拉出一个矩形选择框，这个框是虚线框，只要碰上的对象就会被选上，如图 3.6 所示。叉选后，可一性删除这些对象。

窗口选择法与交叉选择法的区别见表 3.1。

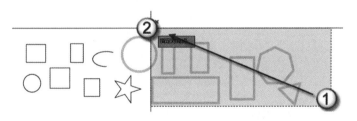

图 3.6　叉选对象

表 3.1　窗口选择法与交叉选择法的区别

名称	简称	拉框的方向	框的形状	框的颜色	选择方式
窗口选择法	框选	从左向右拉框	实线框	蓝色	完全框进去的对象才被选上
交叉选择法	叉选	从右向左拉框	虚线框	绿色	只要碰着的对象就会被选上

3.1.4　栅栏选择法

栅栏选择法也称"栏选"。在 AutoCAD 中，当提示"选择对象"时，输入 F 并按"空格"键，会在屏幕上绘制一系列首尾相接的直线，这些直线就是栅栏，线型是虚线，只要碰上的对象就会被选上。

🔔**注意**：必须先输入"删除"命令，才能按照"栏选"的方法完成选择操作。

下面 E05 学习卡片，栏选如图 3.7 所示的加粗对象。

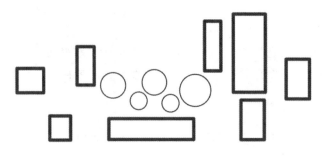

图 3.7　删除加粗的对象

直接输入删除命令 Erase（缩写 E，不区分大小写）并按"空格"键，命令行提示"选择对象"，输入 F 并按"回车"键，命令行提示"指定第一个栏选点"，在屏幕①处单击，命令行提示"指定下一个栏选点"，在屏幕②处单击，命令行提示"指定下一个栏选点"，在屏幕③处单击，命令行提示"指定下一个栏选点"，在屏幕④处单击，命令行提示"指定下一个栏选点"，在屏幕⑤处单击，如图 3.8 所示。按"空格"键后便会删除选中的对象。①→②→③→④→⑤这一系列首尾相接的直线（虚线）就是栅栏。栏选后，可一次性删除这些对象。

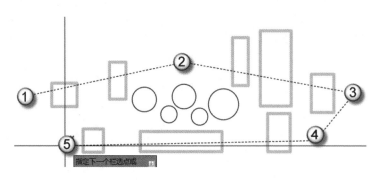

图 3.8　栅栏选择

🔔注意：栏选的方法在使用"裁剪"命令时会用到。"裁剪"命令会在本章后面有所介绍。

3.1.5　逐一选择法

AutoCAD 在默认情况下是增选。例如有 A、B、C 三个对象，先选择 A 对象，选择集中只有 A 对象；然后再选择 B 对象，选择集中会有 A 和 B 两个对象；再选择 C 对象，则选择集中会有 A、B、C 三个对象。

如果想减选，可以按住 Shift 键再选择对象。如选择集中有 A、B、C 三个对象，按住 Shift 键再选择 C 对象，则选择集中只有 A、B 两个对象了。

如果想全选，当命令行提示"选择对象"时输入 ALL 并按"空格"键就可以选择全部对象。

下面来看如何从当前选择集中减选。

（1）打开 E04 学习卡片，可以看到其中有一些矩形对象（细线）和一些圆对象（粗线），如图 3.9 所示。

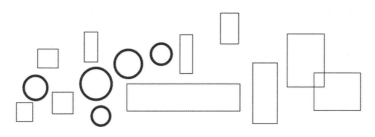

图 3.9　矩形对象与圆对象

（2）叉选对象，建立选择集。直接输入删除命令 Erase（缩写 E，不区分大小写）并按"空格"键，命令行提示"选择对象"，用叉选的方式（两对角点①→②）选择此卡片中所有的图形对象，如图 3.10 所示。

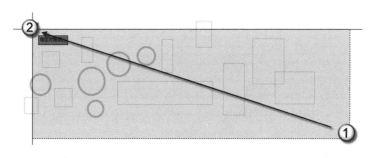

图 3.10　叉选对象

⌂注意：这一步操作之后就建立了选择集，选择集为卡片中全部的对象。

（3）从当前选择集中减选。当已经建立了选择集且命令行提示"选择对象"时，直接输入 R 并按"空格"键，命令行提示"删除对象"，此处翻译不准确，应该是剔除对象（将选择的对象从当前选择集中剔除出来，而不是直接删除对象），选择圆形对象（图中①②③④⑤处），将其从当前选择集中剔除，如图 3.11 所示。

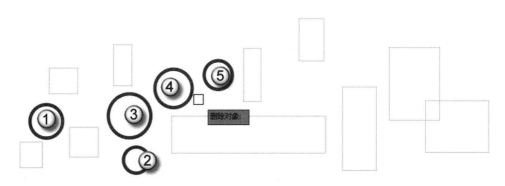

图 3.11　从当前选择集中减选

3.1.6 循环选择

有多个对象重叠，或者距离比较近时，需要使用"循环选择"功能，以精确选择对象。打开循环选择，可以用 Ctrl+W 快捷键或者 按钮。

打开学习卡片 E08，有三个矩形对象（红、蓝、黄）重叠在一起，一个圆对象，如图 3.12 所示。

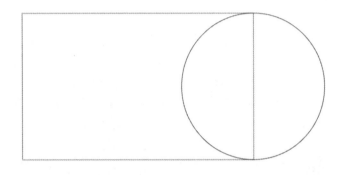

图 3.12　循环选择

直接输入删除命令 Erase（缩写 E，不区分大小写）并按"空格"键，命令行提示"选择对象"，按 Ctrl+W 快捷键打开循环选择，单击矩形对象与圆对象的相交处（图中①处）会弹出一个"选择集"的对话框，里面有四个选项，分别为圆（图中②处）、黄色多段线（图中③处）、蓝色多段线（图中④处）、红色多段线（图中⑤处），如图 3.13 所示。需要选择哪个对象就在"选择集"对话框中选择哪个对象。

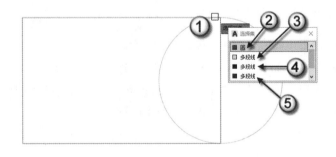

图 3.13　选择集

3.2　移　　动

移动对象，可以简单地将其理解为将图形中的对象按指定的方向和距离移动。一般来说，对于移动位置的确定通常有两种方法：位移法与指定位置法。打开学习卡片 E09，里面有一个矩形对象与一个圆对象，如图 3.14 所示。本节的操作都基于这个卡片完成。

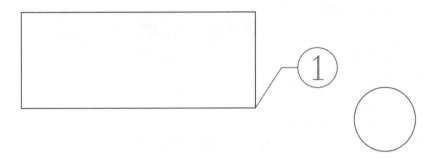

图 3.14　移动

3.2.1　位移法

所谓位移法，就是输入一个位移矢量（有距离有方向），该矢量决定了被选取对象的移动距离和移动方向。

1．将圆对象向右水平移动1200mm

（1）直接输入移动命令 Move（缩写 M，不区分大小写）并按"空格"键，命令行提示"选择对象"，单击圆对象并按"空格"键确定选择，命令行提示"指定基点或 [位移(D)]＜位移＞:"。

（2）单击圆对象附近的任意空白处（图中①处）作为移动基点，按 F8 快捷键打开"正交"模式，向右水平移动光标，输入 1200 并按"空格"键完成操作，如图 3.15 所示。

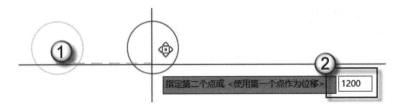

图 3.15　向右移动 1200mm

2．将圆对象沿32°夹角移动1000mm

（1）直接输入移动命令 Move（缩写 M，不区分大小写）并按"空格"键，命令行提示"选择对象"，单击圆对象并按"空格"键确定选择，命令行提示"指定基点或 [位移(D)]＜位移＞:"。

（2）单击圆对象附近的任意空白处（图中①处）作为移动基点，按 Tab 键切换至角度栏，在角度栏中输入 32（图中②处），再按 Tab 键切换至距离栏，在距离栏中输入 1200，并按"空格"键完成操作，如图 3.16 所示。

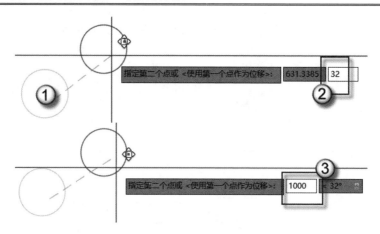

图 3.16　输入角度与距离

注意：在使用位移法移动对象时不需要精确地去指定基点，只需要在对象附近单击一个
　　　点作为基点即可。

3.2.2　指定位置法

所谓指定位置法，就是通过指定两个点来确定被选取对象移动的方向和移动。通常将指定的第一个点称为基点。

下面介绍如何将圆形移动到矩形上，让圆形的圆心点对齐到矩形的右下角点（图 3.17
中①处）。

（1）直接输入移动命令 Move（缩写 M，不区分大小写）并按"空格"键，命令行提示"选择对象"，单击圆对象并按"空格"键确定，命令行提示"指定基点或 [位移(D)]
<位移>:"，捕捉圆对象的圆心（图中箭头处）作为基点，如图 3.17 所示。

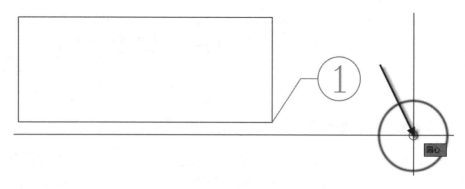

图 3.17　捕捉圆心

（2）命令行提示"指定第二个点"，移动光标至矩形对象附近，捕捉端点（图中①处）作为移动的第二个点，如图 3.18 所示。移动完成之后的效果如图 3.19 所示。

注意：使用指定位置法需要精确地指定基点和第二个点，这就要用到对象捕捉功能。

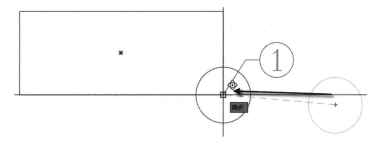

图 3.18 捕捉端点

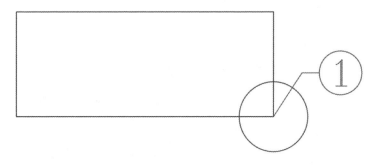

图 3.19 移动完成后的效果

3.3 复 制

AutoCAD 默认为多重复制。可以使用系统变量 Copymode 改变复制的方式，0 为多重复制、1 为单独复制。

打开学习卡片 E10，里面有圆与三角形两个对象，如图 3.20 所示。

图 3.20 复制

3.3.1 位移法复制

所谓位移法复制，与 3.2.1 节中的位移法移动对象类似，即输入一个位移矢量，该位移矢量确定所复制的对象相对于原来对象的距离与方向。

1．将圆向右水平复制，距离为900mm

（1）直接输入复制命令 Copy（缩写 CO，不区分大小写）并按"空格"键，命令行提示"选择对象"，单击圆对象并按"空格"键确定选择，命令行提示"指定基点或 [位移(D)] <位移>:"。

（2）单击圆对象附近的任意空白处（图中①处）作为移动基点，按 F8 快捷键打开"正交"模式，向右水平移动光标，输入 900（图中②处）并按两次"空格"键完成操作，如图 3.21 所示。

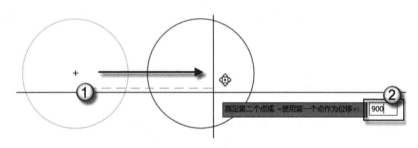

图 3.21　向右复制对象

2．将圆对象沿35°夹角、1100mm的距离复制一个

（1）直接输入复制命令 Copy（缩写 CO，不区分大小写）并按"空格"键，命令行提示"选择对象"，单击圆对象并按"空格"键确定选择，命令行提示"指定基点或 [位移(D)] <位移>:"。

（2）单击圆对象附近的任意空白处（图中①处）作为基点，按 Tab 键切换至角度栏，在角度栏中输入 35（图中②处），再按 Tab 键切换至距离栏，在距离栏中输入 1100 并按两次"空格"键完成操作，如图 3.22 所示。

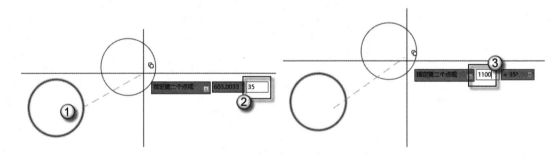

图 3.22　输入角度与距离

注意：位移法复制最后都需按两次"空格"键，第一次按"空格"键会复制出一个对象，因为 AutoCAD 默认是多重复制，还可以接着复制，第二次按"空格"键表示结束操作。

3.3.2　指定位置法复制

将圆对象复制到三角形的三个顶点上，圆对象的圆心与三角形的三个端点对齐，将对象捕捉设置为"圆心"与"端点"两种点。

（1）直接输入复制命令 Copy（缩写 CO，不区分大小写）并按"空格"键，命令行提示"选择对象"，单击圆对象并按"空格"键确定选择，命令行提示"指定基点或 [位移(D)]<位移>:"，捕捉圆对象的圆心作为基点（图中①处），如图 3.23 所示。

（2）命令行提示"指定第二个点"，捕捉三角形的一个端点（图中②处），命令行提示"指定第二个点"，捕捉三角形的另一个端点（图中③处），如图 3.24 和图 3.25 所示。完成操作之后结果如图 3.26 所示。

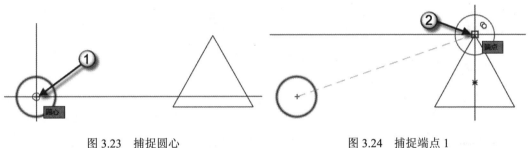

图 3.23　捕捉圆心　　　　　　　　图 3.24　捕捉端点 1

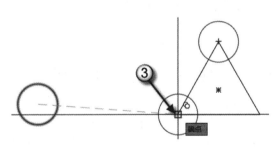

图 3.25　捕捉端点 2

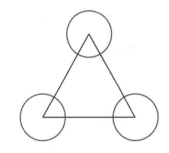

图 3.26　完成操作后的效果

3.4　倒　　角

本节介绍两个命令：圆角与切角。

3.4.1　圆角

所谓圆角，可以简单地理解成通过一个指定半径的圆弧来光滑地连接两个对象。所连接的对象最常见的是直线，也可以是多段线、曲线、圆或圆弧。

1．指定半径的圆角

（1）使用"直线"命令绘制两条直线，准备对其进行圆角处理，如图 3.27 所示。

（2）直接输入圆角命令 Fillet（缩写 F，不区分大小写）并按"空格"键，命令行提示"选择第一个对象或 [放弃(U)/多段线(P)/半径(R)/修剪(T)/多个(M)]:"，输入 R 并按"空格"键，命令行提示"指定圆角半径 <0.0000>:"，输入 500 并按"空格"键，命令行提示"选择第一个对象"，选择一条直线，命令行提示"选择第二个对象"，选择第二条直线完成操作，如图 3.28 所示。

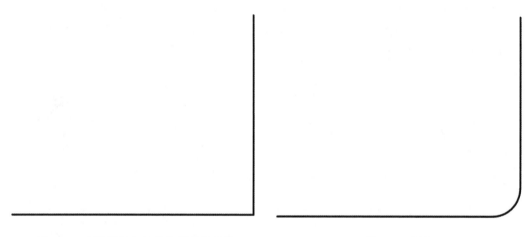

图 3.27　未进行圆角处理前的两条直线　　　　　图 3.28　圆角

2．半径为零的圆角

（1）打开学习卡片 E11，里面有两条没有相交且互成 90°夹角的直线，如图 3.29 所示。

（2）直接输入圆角命令 Fillet（缩写 F，不区分大小写）并按"空格"键，命令行提示"选择第一个对象或 [放弃(U)/多段线(P)/半径(R)/修剪(T)/多个(M)]:"，输入 R 并按"空格"键，命令行提示"指定圆角半径 <50.0000>:"，输入 0 并按"空格"键，命令行提示"选择第一个对象"，选择一条直线，命令行提示"选择第二个对象"，选择第二条直线，可以看到两条直线以直角相接，如图 3.30 所示。

图 3.29　两条没有相交且互成 90°夹角的直线　　　　图 3.30　以直角相接

3.4.2　切角

所谓切角，可以简单地理解为在两条直线（图 3.31 中的①与②）的交点处加上一条短斜线（图 3.32 中的③），即相当于把原来的角给"切"掉了，因此得名"切角"。

在切角时，必须先设置切角的两个距离，也就是图 3.32 中的 D1 和 D2。在大多数情况下，D1 和 D2 为相同的值。当然，也可以将 D1 和 D2 设置为不同的值。

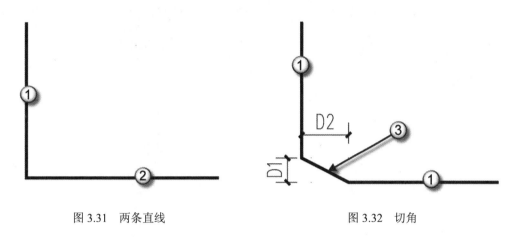

图 3.31　两条直线　　　　　　　　　　　图 3.32　切角

打开学习卡片 E11，对一个多段线进行切角处理，这个多段线有 4 个角（①②③④），如图 3.33 所示。这 4 个角切角的距离依次是 200mm、150mm、100mm、50mm。

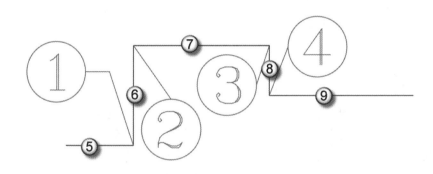

图 3.33　对多段线进行切角

（1）直接输入切角命令 Chamfer（缩写 CHA，不区分大小写）并按"空格"键，命令行提示"选择第一条直线或 [放弃(U)/多段线(P)/距离(D)/角度(A)/修剪(T)/方式(E)/多个(M)]:"，输入 D 并按"空格"键，命令行提示"指定第一个倒角距离 <0.0000>:"，输入 200 并按"空格"键，命令行提示"指定第二个倒角距离 <200.0000>:"，直接按"空格"键，命令行提示"选择第一条直线"，单击直线⑤，命令行提示"选择第二条直线"，单击直线⑥，完成对第一个角的切角。

（2）按"空格"键重复上一次的切角命令，命令行提示"选择第一条直线或 [放弃(U)/多段线(P)/距离(D)/角度(A)/修剪(T)/方式(E)/多个(M)]:"，输入 D 并按"空格"键，命令行提示"指定第一个倒角距离 <0.0000>:"，输入 150 并按"空格"键，命令行提示"指定第二个倒角距离 <150.0000>:"，直接按"空格"键，命令行提示"选择第一条直线"，单击直线⑥，命令行提示"选择第二条直线"，单击直线⑦，完成对第二个角的切角。

使用同样的方法，完成对第三个和第四个角的切角，完成后如图 3.34 所示。

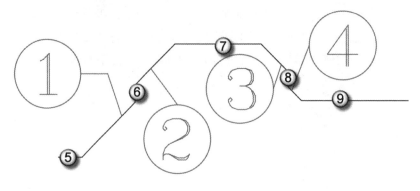

图 3.34　完成切角

3.5　缩　　放

缩放是指在 X 和 Y 两个方向上使用相同的比例因子缩小或放大所选择的对象，使被选择的对象变得更小或更大，但不改变其高度与宽度方向上的比例。一般来说，可以通过指定一个基点和缩放比例因子来缩放对象。

打开学习卡片 E12，本节所有操作都基于该卡片完成。

3.5.1　比例因子法

比例因子是缩放后的对象与原始对象大小的比例，当比例因子大于 1 时是放大对象；当比例因子小于 1 时是缩小对象。卡片 E12 中需要缩放的原对象由一个矩形和一个圆组成。圆对象的圆心与矩形一条边的中点重合（图中①处），圆的直径与矩形的一条短边重合（图中②处），如图 3.35 所示。假定要对圆对象以其圆心为基点进行缩放操作，比例因子分别是 1.25（放大）与 0.75（缩小）。

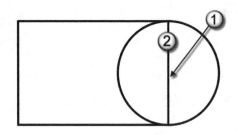

图 3.35　原对象

（1）直接输入缩放命令 Scale（缩写 SC，不区分大小写）并按"空格"键，命令行提示"选择对象:"，单击圆对象并按"空格"键，命令行提示"指定基点:"，单击圆对象的圆心，命令行提示"指定比例因子或 [复制(C)/参照(R)]:"，输入 1.25 并按"空格"键完成操作。放大后的对象如图 3.36 所示。

（2）直接输入撤消命令 Undo（缩写 U，不区分大小写）并按"空格"键撤消上一步放大的操作，使圆对象恢复到原始大小。直接输入缩放命令 Scale（缩写 SC，不区分大小写）并按"空格"键，命令行提示"选择对象:"，单击圆对象并按"空格"键，命令行提示"指定基点:"，单击圆对象的圆心，命令行提示"指定比例因子或 [复制(C)/参照(R)]:"，输入 0.75 并按"空格"键完成操作。缩小后的对象如图 3.37 所示。

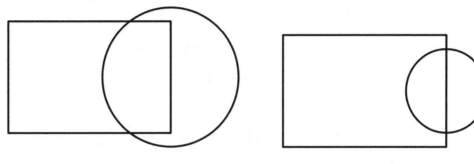

图 3.36　放大 1.25 倍后的对象　　　　　图 3.37　缩小 0.75 倍后的对象

3.5.2　参照法

使用参照法进行缩放，即利用现有对象上的尺寸作为新对象的尺寸的参照。

对一个矩形用参照法进行缩放操作，这个矩形的一条长边为 600mm（（图中①②两点之间的距离），如图 3.38 所示。使用参照法使①到②之间的新距离为 900mm。

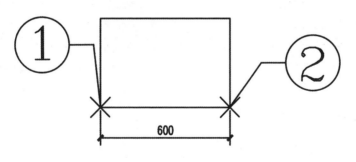

图 3.38　原对象

直接输入缩放命令 Scale（缩写 SC，不区分大小写）并按"空格"键，命令行提示"选择对象:"，单击矩形对象并按"空格"键，命令行提示"指定基点:"，单击图 3.38 中①处的端点为基点，命令行提示"指定比例因子或 [复制(C)/参照(R)]:"，输入 R 并按"空格"键，使用参照法进行缩放，命令行提示"指定参照长度 <1.0000>:"，依次单击图 3.38 中①②两个点，命令行提示"指定新的长度或 [点(P)] <1.0000>:"，输入 900 并按"空格"键完成操作，缩放之后的对象如图 3.39 所示。可以看到：①②两点之间的新距离为 900mm。

注意：这里依次单击了①②两点，即通过两个点确定原对象上的参照尺寸（此处为 600mm），然后输入 900，即将整个矩形对象放大，放大之后使得①②两点之间的距离为 900mm。

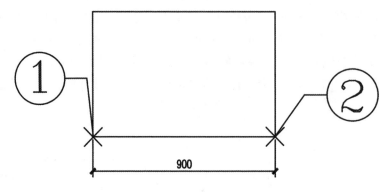

图 3.39　使用参照法缩放后的对象

3.6　镜　　像

镜像可以理解为照镜子，镜像对象则指用所指定的镜像轴（用两个点来确定）来创建所选对象的轴对称图形。镜像对象常用于对称图形的绘制，可以减少绘图的工作量。

打开学习卡片 E13，本节所有的操作都基于该卡片完成。

3.6.1　创建对象的镜像

图形的左半部分（加粗的对象）已经完成了，我们需要绘制图形的右半部分。要绘制的右半部分与左半部分需以①②两点连线为对称轴（点画线），如图 3.40 所示。

（1）直接输入镜像命令 Mirror（缩写 MI，不区分大小写）并按"空格"键，命令行提示"选择对象"，用叉选的方式（图中③→④拉框）选择对象，如图 3.41 所示。

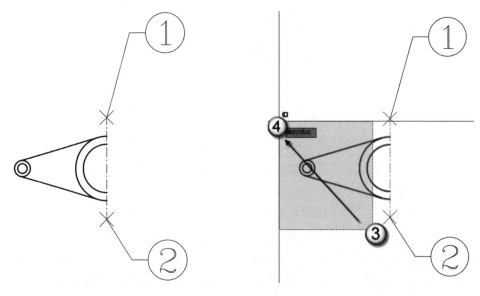

图 3.40　左半部分图形　　　　　　　　　　　　图 3.41　叉选对象

（2）命令行提示"指定镜像线的第一点"，单击图中①处的端点，命令行提示"指定镜像线的第二点"，单击图中②处的端点，命令行提示"要删除源对象吗？[是(Y)/否(N)] <否>:"，直接按"空格"键完成操作，镜像后的效果如图 3.42 所示。

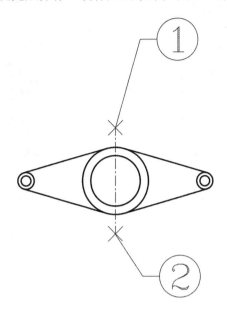

图 3.42　完成镜像

3.6.2　创建含有文字对象的镜像

文字在镜子中的成像是反的，但是在画图时，对文字镜像复制后文字不能反向。在 AutoCAD 中，可以使用系统变量 Mirrtext 决定对文字的镜像方式。Mirrtext=0 时，文字方向不变；Mirrtext=1 时，文字方向反向。

图 3.43 是没有进行镜像的原图形，图中①处的直线为镜像轴。

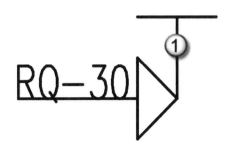

图 3.43　没有经过镜像的原图形

（1）Mirrtext=0：直接输入系统变量 Mirrtext 并按"空格"键，命令行提示"输入 MIRRTEXT 的新值 <0>:"，直接按"空格"键，选择默认值 0。然后对图形对象进行镜像，镜像完成后如图 3.44 所示。

（2）Mirrtext=1：直接输入系统变量 Mirrtext 并按"空格"键，命令行提示"输入 MIRRTEXT 的新值 <0>:"，输入 1 并按"空格"键。然后对图形对象进行镜像，镜像完成后如图 3.45 所示。

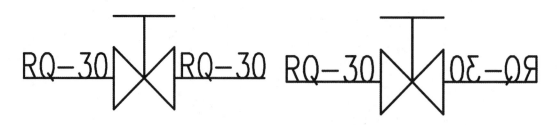

图 3.44　Mirrtext=0 时的图形　　　　　图 3.45　Mirrtext=1 时的图形

注意：将系统变量 Mirrtext 的值改变之后，屏幕上镜像的文字方向并未改变，再进行一次镜像，文字方向才能变换。

3.7　偏　　移

偏移就是创建一个与选定对象等距离的新对象。打开学习卡片 E14，本节所有的操作都基于该卡片完成。

3.7.1　定距法

卡片 E14 有两个对象要使用定距法进行偏移操作，一个圆（图中①处），一个多段线（图中②处），如图 3.46 所示。

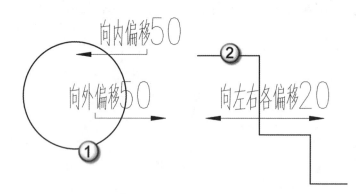

图 3.46　没有经过偏移的原对象

（1）偏移圆对象。直接输入偏移命令 Offset（缩写 O，不区分大小写）并按"空格"键，命令行提示"指定偏移距离或 [通过(T)/删除(E)/图层(L)]"，输入 50 并按"空格"键，命令行提示"选择要偏移的对象"，单击圆对象（图中①处），命令行提示"指定要偏移的那一侧上的点",单击圆外侧空白处会向外偏移形成一个圆(图中③处),命令行提示"选择要偏移的对象",再次单击圆对象(图中①处),命令行提示"指定要偏移的那一侧上的点",单击圆内侧空白处会向内偏移形成一个圆(图中④处),如图 3.47所示。

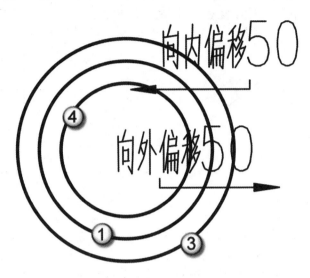

图 3.47　偏移后的圆对象

(2)偏移多段线对象。直接输入偏移命令 Offset 并按"空格"键,命令行提示"指定偏移距离或 [通过(T)/删除(E)/图层(L)]",输入 30 并按"空格"键,命令行提示"选择要偏移的对象",单击多段线对象(图中②处),命令行提示"指定要偏移的那一侧上的点",单击多段线左外侧空白处会向左偏移形成一个新的多段线(图中⑤处),命令行提示"选择要偏移的对象",再次单击多段线对象(图中②处),命令行提示"指定要偏移的那一侧上的点",单击多段线右外侧空白处会向右偏移形成一个多段线(图中⑥处),如图 3.48 所示。

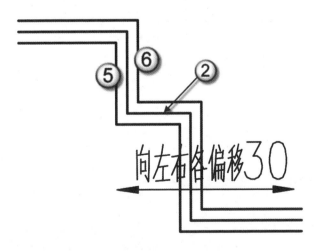

图 3.48　偏移后的多段线对象

3.7.2 过点法

过点法偏移即通过指定某个点创建一个新的对象。用过点法偏移直线对象（图中①处），使其通过矩形的一个角点（图中②处），如图 3.49 所示。

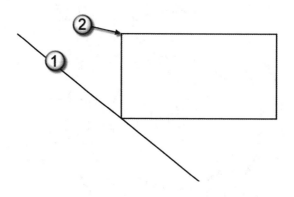

图 3.49 没有经过偏移的原对象

直接输入偏移命令 Offset 并按"空格"键，命令行提示"指定偏移距离或 [通过(T)/删除(E)/图层(L)]"，输入 T 并按"空格"键，命令行提示"选择要偏移的对象"，单击直线对象（图中①处），命令行提示"指定通过的点"，单击图中②处的端点会形成一条新的直线（图中③处），可以看到这条直线经过了②点，如图 3.50 所示。

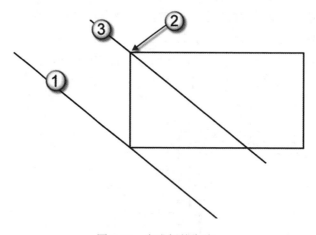

图 3.50 生成新的直线

3.7.3 单一对象与复合对象的偏移

图 3.51 中的①处虚线的对象是一个矩形（是一个复合对象），对其进行偏移操作之后还是一个矩形（图中②处）。图中的③④⑤⑥处的每个对象皆是一条直线（即单一对象），对其进行偏移操作之后还是一条直线（图中⑦⑧⑨⑩处），如图 3.51 所示。

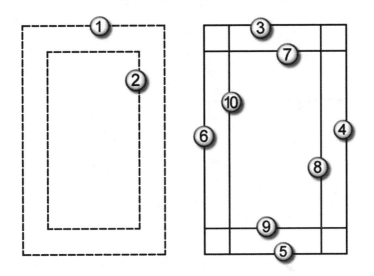

图 3.51　单一对象与复合对象的偏移

3.8　到边界的操作

本节介绍两个命令：裁剪和延长。这两个命令有个共同点，即都需要结合边界进行操作，都是先选择边界，再选择需要编辑的对象。

3.8.1　裁剪

裁剪是以一个对象（图中①处）为边界，裁剪掉另一个对象（图中②处）超出这个边界的部位，如图 3.52、图 3.53 所示。

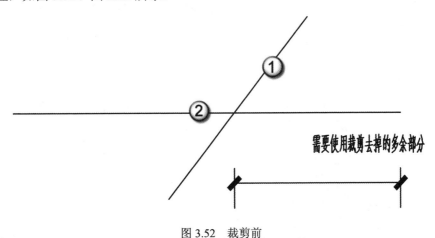

图 3.52　裁剪前

打开学习卡片 E15，可以看到有五个对象需要进行裁剪，粗线对象是边界，细线对象是需要裁剪的，需要去掉的部分标注了"去掉"字样，如图 3.54 所示。

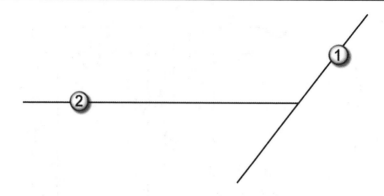

图 3.53　裁剪后

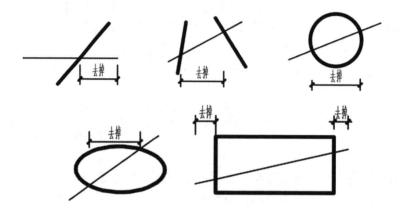

图 3.54　需要裁剪的对象

这里以第一、第二、第五个对象为例说明裁剪的一般操作方法，另外两个对象的裁剪请读者自行完成，此处不再赘叙。

（1）对第一个对象进行裁剪。直接输入裁剪命令 Trim（缩写 TR，不区分大小写）并按"空格"键，命令行提示"选择对象或 <全部选择>:"，选择粗线作为边界（图中①处），并按"空格"键确定边界的选择，命令行提示"选择要修剪的对象"，选择细线对象需要被裁剪去掉的部位（图中②处），如图 3.55 所示。裁剪完成之后的图形效果如图 3.56 所示。

图 3.55　选择对象　　　　　　　　　　　　　　图 3.56　剪裁完成

（2）对第二个对象进行裁剪。直接输入裁剪命令 Trim 并按"空格"键，命令行提示"选择对象或 <全部选择>:"，选择粗线作为边界（图中①处，注意有两处），并按"空格"键确定边界的选择，命令行提示"选择要修剪的对象"，选择细线对象需要裁剪去掉的部位（图中②处，注意有两处），如图 3.57 所示。裁剪完成之后的图形效果如图 3.58 所示。

🔔**注意**：这一步中的边界与裁剪去掉的对象皆有两个，都需要进行两次选择，选完之后需要按"空格"键确认。

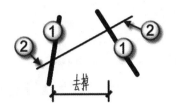 

图 3.57　选择对象　　　　　　　　　　　　图 3.58　剪裁完成

（3）以全部对象为边界进行裁剪（以第五个对象为例）。直接输入裁剪命令 Trim 并按"空格"键，命令行提示"选择对象或 <全部选择>:"，直接按"空格"键确定以全部对象为边界进行裁剪，命令行提示"选择要修剪的对象"，选择细线对象需要裁剪去掉的部位（图中箭头所指处，注意有两处），如图 3.59 所示。裁剪完成之后，如图 3.60 所示。

🔔**注意**：全部选择的裁剪又叫双"空格"裁剪，因为输入裁剪命令 Trim 后要连续按两次"空格"，然后直接选择需要裁剪对象的部位。

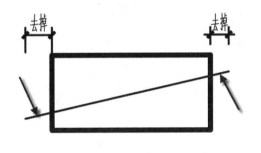 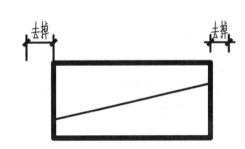

图 3.59　选择边界　　　　　　　　　　　　图 3.60　剪裁完成

（4）栏选裁剪的对象。如图 3.61 所示，以粗线为边界，要裁剪好几条细线，这时可以使用栏选来选择对象。直接输入裁剪命令 Trim 并按"空格"键，命令行提示"选择对象或 <全部选择>:"，选择粗线作为边界（图中①处，注意有两处），并按"空格"键确定边界的选择，命令行提示"选择要修剪的对象"，输入 F 并按"空格"键，以栏选的方式选择对象，用三个点②→③→④绘制两条首尾相接的直线来选择需要裁剪的对象的部位，如图 3.62 所示。完成之后的图形效果如图 3.63 所示。

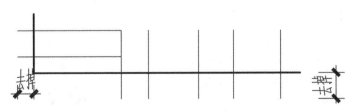

图 3.61　没有裁剪的对象

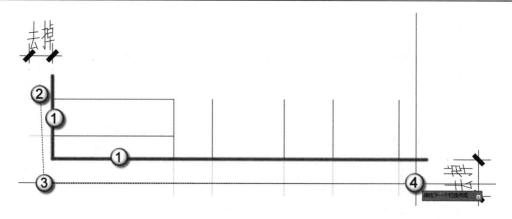

图 3.62　进行栏选

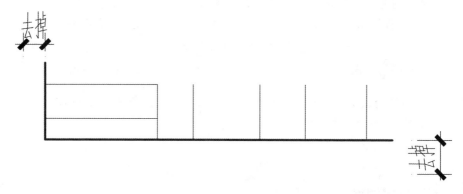

图 3.63　裁剪完成

3.8.2　延伸

　　延伸是将对象延伸至其他对象所定义的边界上，或将对象延伸至它们将要相交的某个边界上。延伸与裁剪类似，都是先选择边界，再选择对象。

　　具体来说，延伸是以一个对象（图中①处）为边界，延伸另一个对象（图中②处）到这个边界上，如图 3.64、图 3.65 所示。

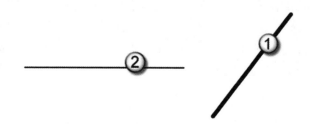

图 3.64　延伸前

　　打开学习卡片 E16，可以看到有 6 个对象需要延伸，粗线对象是边界，细线对象是需要延伸的，如图 3.66 所示。

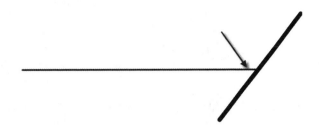

图 3.65　延伸后

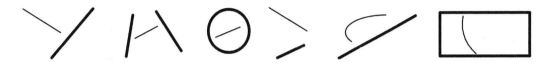

图 3.66　需要延伸的对象

这里以第一、第二、第四个对象为例说明延伸的一般操作方法，另外三个对象的延伸请读者自行完成，此处不再赘叙。

（1）对第一个对象进行延伸。直接输入延伸命令 Extend（缩写 EX，不区分大小写）并按"空格"键，命令行提示"选择对象或 <全部选择>:"，选择粗线作为边界（图中①处），并按"空格"键确定边界的选择，命令行提示"选择要延伸的对象"，选择细线对象需要延伸的部位（图中②处），完成后可以看到需要延伸的对象延伸至边界了（图中箭头处），如图 3.67 所示。

（2）对第二个对象进行延伸。直接输入延伸命令 Extend 并按"空格"键，命令行提示"选择对象或 <全部选择>:"，选择粗线作为边界（图中①处，注意有两处），并按"空格"键确定边界的选择，命令行提示"选择要延伸的对象"，选择细线对象需要延伸的部位（图中②处，注意有两处），完成后可以看到需要延伸的对象延伸至边界了（图中箭头处），如图 3.68 所示。

（3）延伸到隐含边界（以第四个对象为例）。直接输入延伸命令 Extend 并按"空格"键，命令行提示"选择对象或 <全部选择>:"，选择粗线作为边界（图中①处），并按"空格"键确定边界的选择，命令行提示"选择要延伸的对象"，输入 E 并按"空格"键，使用到隐含边界模式进行延伸，命令行提示"输入隐含边界延伸模式 [延伸(E)/不延伸(N)] <不延伸>:"，输入 E 并按"空格"键，选择细线对象需要延伸的部位（图中②处），完成后可以看到需要延伸的对象延伸至隐含的边界了（图中箭头处），如图 3.69 所示。

图 3.67　第一个对象

图 3.68　第二个对象

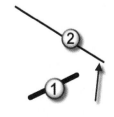

图 3.69　延伸到隐含边界

3.9 延　　长

本节介绍两个命令：拉长命令和拉伸命令。这两个命令有一个共同点，即将线性对象延长。

3.9.1 拉长

打开学习卡片 E17，本节的全部操作都基于该卡片完成。

拉长主要是三种方法：增量法、总计法和动态法。卡片 E17 中对象的原长是 600mm，增量是 300mm，总长是 600+300=900mm，如图 3.70 所示。

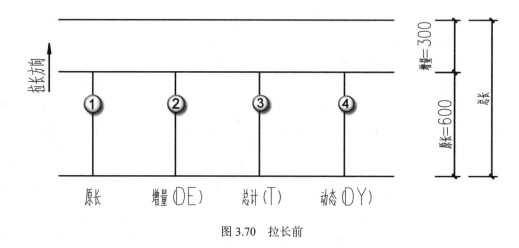

图 3.70　拉长前

（1）用增量法拉长对象。直接输入拉长命令 Lengthen（缩写 LEN，不区分大小写）并按"空格"键，命令行提示"选择要测量的对象或 [增量(DE)/百分比(P)/总计(T)/动态(DY)] <总计(T)>:"，输入 DE 并按"空格"键，用增量法拉长对象，命令行提示"输入长度增量或 [角度(A)] <0.0000:"，输入 300 并按"空格"键，命令行提示"选择要修改的对象或 [放弃(U)]:"，单击对象②，线段会拉长 300mm（图中⑤处），如图 3.71 所示。

（2）用总计法拉长对象。直接输入拉长命令 Lengthen 并按"空格"键，命令行提示"选择要测量的对象或 [增量(DE)/百分比(P)/总计(T)/动态(DY)] <总计(T)>:"，输入 T 并按"空格"键，用总计法拉长对象，命令行提示"指定总长度或 [角度(A)] <0.0000>:"，输入 900 并按"空格"键，命令行提示"选择要修改的对象或 [放弃(U)]:"，单击对象③，线段总长会变为 900mm（图中⑥处），如图 3.71 所示。

（3）用动态法拉长对象。直接输入拉长命令 Lengthen 并按"空格"键，命令行提示"选择要测量的对象或 [增量(DE)/百分比(P)/总计(T)/动态(DY)] <总计(T)>:"，输入 DY 并按"空格"键，用动态法拉长对象，命令行提示"选择要修改的对象或 [放弃(U)]:"，单击对象④，移动光标，光标移动到哪里，对象就拉长到哪里。

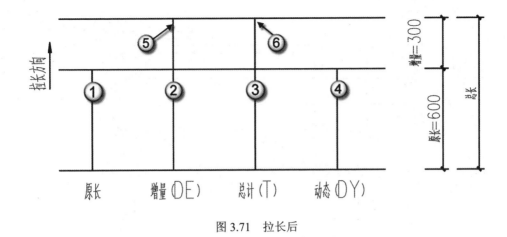

图 3.71 拉长后

3.9.2 拉伸

移动被叉选的对象，但不影响对象的整体拓扑结构（即图形的整体样式不变）。打开学习卡片 E18，本节全部操作都基于该卡片完成。卡片 E18 中有一个复杂的对象，如图 3.72 所示，叉选区域分别是①→②、③→④、⑤→⑥时，查看使用拉伸命令的结果。

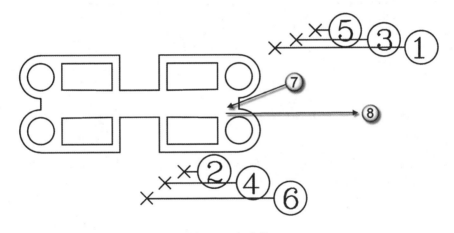

图 3.72 拉伸前

（1）选择窗口为①→②的拉伸。直接输入拉伸命令 Stretch（缩写 S，不区分大小写）并按"空格"键，命令行提示"选择对象"，使用叉选的方式（以①→②拉出窗口）选择对象，按"空格"键确定选择，命令行提示"指定基点或 [位移(D)] <位移>:"，单击⑦处作为基点，命令行提示"指定第二个点"，向右水平移动光标，单击⑧处完成操作。拉伸后的图形效果如图 3.73 所示。

（2）选择窗口为③→④的拉伸。直接输入拉伸命令 Stretch 并按"空格"键，命令行提示"选择对象"，使用叉选的方式（以③→④拉出窗口）选择对象，按"空格"键确定选择，命令行提示"指定基点或 [位移(D)] <位移>:"，单击⑦处作为基点，命令行提示"指定第二个点"，向右水平移动光标，单击⑧处完成操作。拉伸后的图形效果如图 3.74 所示。

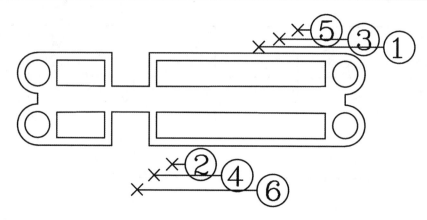

图 3.73　选择窗口为①→②的拉伸

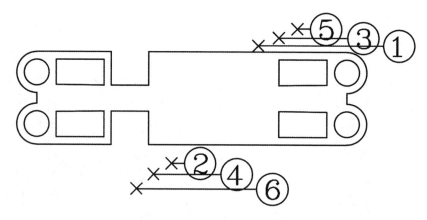

图 3.74　选择窗口为③→④的拉伸

（3）选择窗口为⑤→⑥的拉伸。直接输入拉伸命令 Stretch 并按"空格"键，命令行提示"选择对象"，使用叉选的方式（以⑤→⑥拉出窗口）选择对象，按"空格"键确定选择，命令行提示"指定基点或 [位移(D)] <位移>:"，单击⑦处作为基点，命令行提示"指定第二个点"，向右水平移动光标，单击⑧处完成操作。拉伸后的图形效果如图 3.75 所示。

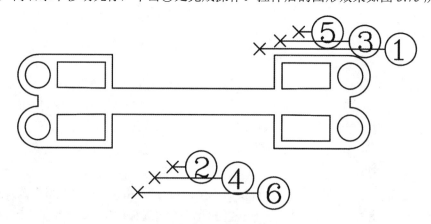

图 3.75　选择窗口为⑤→⑥的拉伸

🔔注意：拉伸必须使用叉选（交叉选择法）选择对象。从上面的实例可以看出，选择不同的窗口，拉伸的效果不一样。

3.10　阵列与经典阵列

阵列可以简单地理解为对被选择的对象进行有规律的复制。阵列的类型主要分矩形阵列与环形阵列。阵列的命令分为"阵列"与"经典阵列"。

3.10.1　阵列

打开学习卡片 E19，本节的全部操作都基于该卡片完成。

（1）矩形阵列：直接输入阵列命令 Array（缩写 AR，不区分大小写）并按"空格"键，命令行提示"选择对象"，选择矩形对象（图中①处），命令行提示"输入阵列类型 [矩形(R)/路径(PA)/极轴(PO)] <矩形>:"，输入 R 并按"空格"键，使用矩形阵列，此时 AutoCAD会自动给出一套矩形阵列的结果，如图 3.76 所示。命令行提示"选择夹点以编辑阵列或 [关联(AS)/基点(B)/计数(COU)/间距(S)/列数(COL)/行数(R)/层数(L)/退出(X)]"，输入 S 并按"空格"键，命令行提示"指定列之间的距离"，输入 260 并按"空格"键，命令行提示"指定行之间的距离"，输入 150 并按"空格"键完成操作。

（2）调整矩形阵列：选择刚生成的矩形阵列，可以看到这个对象是一个整体，且有①②③④四个夹点。夹点①是行数夹点，拖动其可以增减行数。夹点②是行间距夹点，拖动其可以增减行间距。夹点③是列间距夹点，拖动其可以增减列间距。夹点④是列数夹点，拖动其可以增减列数。这里以夹点①为例说明具体操作方法。单击夹点①的夹点图标▲，使其激活（激活后为红色，没有激活为蓝色），向上移动光标，可以看到行数在增加，如图 3.77 所示。选择矩形阵列，按 Ctrl+1 快捷键弹出"特性"面板，可以看到对象是一个整体，类型为"阵列（矩形）"（图中①处），可以在"其他"栏中调整阵列的各项参数，如图 3.78 所示。

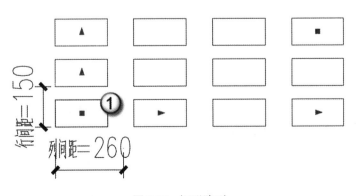

图 3.76　矩形阵列

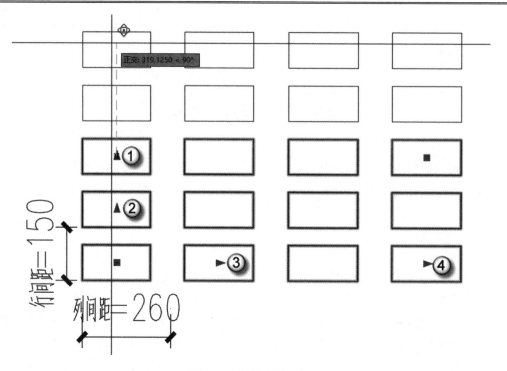

图 3.77　调整阵列夹点

图 3.78　用"特性"面板调整阵列

（3）极轴阵列（环形阵列）：在图 3.79 中，对①进行极轴阵列操作，阵列的数量为 8

个（包括原对象），角度为 360°（即围绕虚线转一圈）。直接输入阵列命令 Array 并按"空格"键，命令行提示"选择对象"，选择图中①处的对象，按"空格"键确定选择，命令行提示"输入阵列类型 [矩形(R)/路径(PA)/极轴(PO)] <矩形>:"，输入 PO 并按"空格"键，命令行提示"指定阵列的中心点"，捕捉圆的圆心（图中②处），按"空格"键完成操作，可以看到在默认情况下只阵列了 6 个，如图 3.80 所示，这便需要修改阵列数。选择极轴阵列对象，激活夹点（图中③处）会出现角度输入框，360°/8=45°，在角度输入框中输入 45（图中④处），完成后如图 3.81 所示。

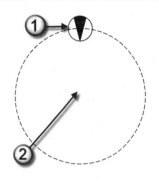

图 3.79　阵列前

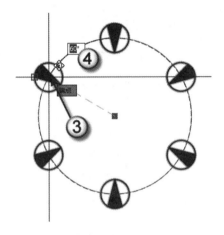

图 3.80　默认阵列

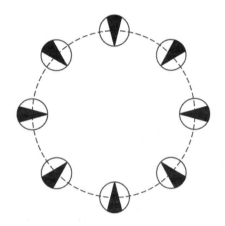

图 3.81　完成阵列

同样也可以选择极轴阵列对象，按 Ctrl+1 快捷键，在弹出的"特性"面板中修改阵列。

在默认情况下，AutoCAD 阵列的对象是相互关联的，即是一个整体。这样的好处是选择阵列对象之后可以进行修改。可以使用系统变量 ArrayAssociatitity 设置阵列对象是否相互关联。取值为 0 时不关联；取值为 1 时相互关联。

3.10.2　经典阵列

AutoCAD 新版本把原来的"阵列"命令改了个名字，叫"经典阵列"，并开发了一个新"阵列"命令，就是前一节介绍的阵列。打开学习卡片 E20，本节用"经典阵列"命令把上一小节的两个实例再操作一遍。

（1）矩形阵列：直接输入经典阵列命令 ArrayClassic（不区分大小写）并按"空格"键，在弹出的"阵列"对话框中单击"矩形阵列"单选按钮，在"行数"栏输入 4，"列数"栏输入 6，在"行偏移"栏输入 150，"列偏移"栏输入 260，单击"选择对象"按钮选择矩形对象（图中⑦处），单击"确定"按钮完成操作，如图 3.82 所示。矩形阵列完成后，如图 3.83 所示。

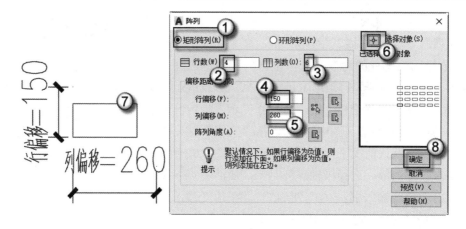

图 3.82　设置矩形阵列参数

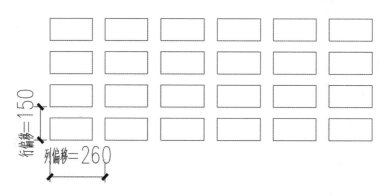

图 3.83　完成矩形阵列

（2）环形阵列：直接输入经典阵列命令 ArrayClassic 并按"空格"键，在弹出的"阵列"对话框中单击"环形阵列"单选按钮，单击"中心点"按钮捕捉圆的圆心（图中③处），在"项目总数"栏输入 8，单击"选择对象"，选择⑥处的对象，单击"确定"按钮完成操作，如图 3.84 所示。环形阵列完成后，如图 3.85 所示。

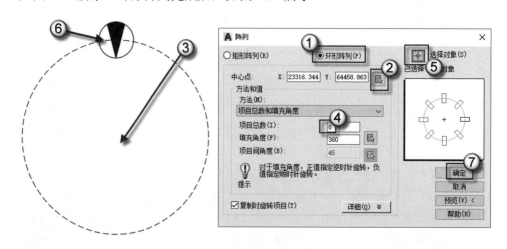

图 3.84　设置环形阵列参数

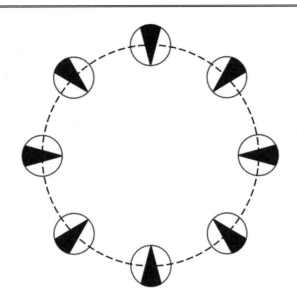

图 3.85 完成环形阵列

"阵列"与"经典阵列"两个命令各有特色,两个命令的对比如表 3.2 所示。读者在使用阵列操作时可以选择适合自己的命令。

表 3.2 两个阵列命令的对比

名　称	命　令	优　点
阵列	Array	阵列后的对象有夹点,操作阵列夹点修改方便
经典阵列	ArrayClassic	对话框的图形操作界面,操作方便

3.11 打　断

打断是将一个对象分解为两个部分,可以打断直线、圆弧、圆、椭圆、多段线等。打断有两种方法:一点打断与两点打断。打开学习卡片 E21,本节全部操作都基于该卡片完成。

3.11.1 一点打断

在使用一点打断法打断对象时,选择对象时单击的那个点就是第一个打断点,然后再选择第二个打断点。由于只提示一次选择打断点,所以叫"一点打断"。

直接输入打断命令 Break(缩写 BR,不区分大小写)并按"空格"键,命令行提示"选择对象",选择斜线,注意选择对象时单击的点就是第一个打断点(图中①处),如图 3.86 所示,命令行提示"指定第二个打断点或 [第一点(F)]:",沿着直线向右上方移动光标,单击②处的点,如图 3.87 所示。完成对斜线的打断。

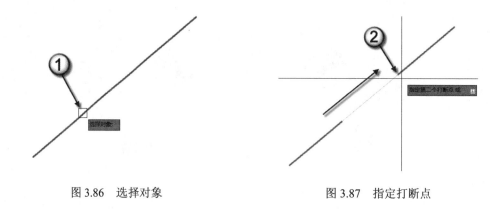

图 3.86　选择对象　　　　　　　　　　　　图 3.87　指定打断点

3.11.2　两点打断

在使用"两点打断"法打断对象时，AutoCAD 会提示两次选择打断点。

直接输入打断命令 Break 并按"空格"键，命令行提示"选择对象"，选择圆对象并按"空格"键，命令行提示"指定第二个打断点或 [第一点(F)]:"，输入 F 并按"空格"键，如图 3.88 所示，使用两点打断法打断圆，单击①处的点，命令行提示"指定第二个打断点或:"，沿着圆向逆时针方向移动光标，单击②处的点，如图 3.89 所示。完成对圆的打断。

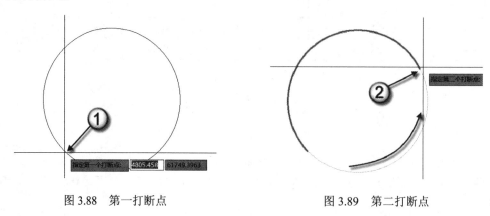

图 3.88　第一打断点　　　　　　　　　　　　图 3.89　第二打断点

⚘注意："一点打断"与"二点打断"都要指定两个点，只不过"一点打断"在单击选择对象时就指定了一个打断点，而"两点打断"则要依次指定两个打断点。

3.12　旋　转

旋转是将所选的对象以指定的基点为旋转轴，以指定的角度进行二维平面的旋转。旋转有两种方法：角度法与参照法。打开学习卡片 E43，本节的全部操作都基于该卡片完成。

3.12.1　角度法

角度法适合设计人员明确对象旋转的角度时使用。

直接输入"旋转"命令 Rotate（缩写 RO，不分大小写）并按"空格"键，命令行提示"选择对象"，选择②处的对象并按"空格"键，命令行提示"指定基点"，单击①处的端点，命令行提示"指定旋转角度，或 [复制(C)/参照(R)] <0>:"，输入 30 并按"空格"键，表示旋转 30°，如图 3.90 所示。旋转操作完成之后，如图 3.91 所示。

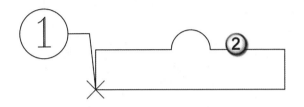

图 3.90　使用角度法旋转对象

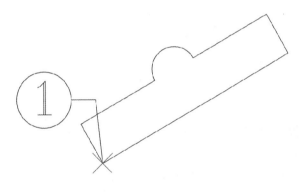

图 3.91　旋转完成

注意：在 AutoCAD 的所有旋转操作中，以逆时针方向旋转为正，以顺时针方向旋转为负。

3.12.2　参照法

参照法适合设计人员将对象旋转至与某条参照线重合时使用。

直接输入"旋转"命令 Rotate 并按"空格"键，命令行提示"选择对象"，选择①处的对象并按"空格"键，命令行提示"指定基点"，单击②处的交点，命令行提示"指定旋转角度，或 [复制(C)/参照(R)] <0>:"，输入 R 并按"空格"键，使用参照法进行旋转，命令行提示"指定参照角 <0>:"，再次单击②处的交点，命令行提示"指定第二点:"，单击③处的端点，命令行提示"指定新角度或 [点(P)] <0>:"，单击④处的端点，如图 3.92 所示。完成之后，可以观察到对象的一边长度与直线重合（图中箭头处）了，如图 3.93 所示。

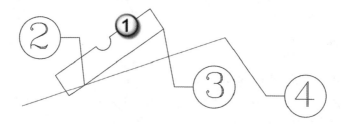

图 3.92   使用参照法旋转对象

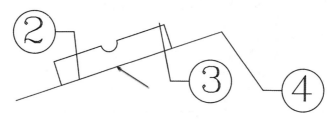

图 3.93   旋转完成

3.13   实   例

本节选用了 7 个实例来串联本章学过的内容。

3.13.1   训练环形阵列功能

打开学习卡片 E22，本节将介绍如何绘制如图 3.94 所示的图形。

（1）使用"圆"命令随意绘制一个圆，如图 3.95 所示。

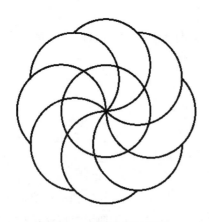

图 3.94   需要绘制的图形

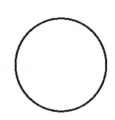

图 3.95   绘制一个圆

（2）使用"复制"命令选择上一步绘制的圆的最下部的象限点（图中①处）为基点，以圆心点（图中②处）为第二点向上复制一个新圆（图中③处），如图 3.96 所示。

（3）使用"经典阵列"命令中的极轴阵列，以圆心（图中②处）为阵列中心点，选择图 3.96 中③处的圆为阵列对象，"项目数"为 8 个，阵列完成后如图 3.97 所示。

图 3.96　复制一个圆

图 3.97　阵列完成

（4）裁剪与删除对象。使用"裁剪"命令，以④处的圆为边界，裁剪掉⑤处的部分。使用"删除"命令，保留⑥⑦两个对象，删除其他对象，如图 3.98 所示。

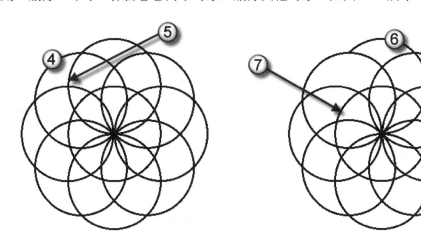

图 3.98　裁剪与删除

（5）再次阵列对象。使用"经典阵列"命令中的极轴阵列以圆心（图中②处）为阵列中心点，选择图 3.99 中⑥处的对象为阵列对象，"项目数"为 8 个进行阵列。

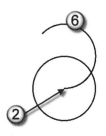

图 3.99　阵列对象

3.13.2 训练环形阵列与偏移功能

打开学习卡片 E23，本节将介绍如何绘制如图 3.100 所示的图形。

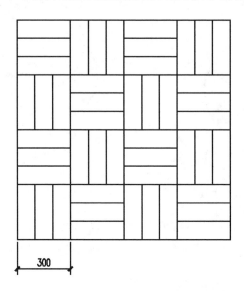

图 3.100 需要绘制的图形

（1）绘制一个 300mm×300mm 的正方形，命令不限（可用"矩形""正多边形""直线""多段线"等命令），如图 3.101 所示。

（2）偏移对象。使用"偏移"命令选择正方形的一条边（图中①处），以 100 的距离向右偏移两次，生成另外的两条直线（图中②③处），如图 3.102 所示。

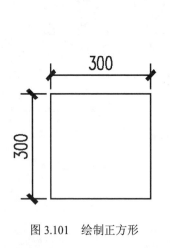

图 3.101 绘制正方形

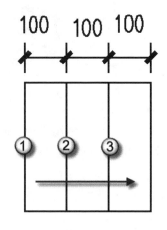

图 3.102 偏移对象

（3）阵列对象。使用"经典阵列"命令中的"极轴"阵列，以正方形的一个角点（图中①处）为阵列中心点，以全部图形为阵列对象，如图 3.103 所示。

（4）再次阵列对象。按"空格"键重复上一步的"阵列"命令，还是以"极轴"方式进行阵列，以正方形的一个角点（图中②处）为阵列中心点，以全部图形为阵列对象，如图 3.104 所示。

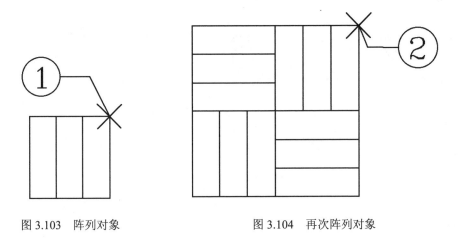

图 3.103　阵列对象　　　　　　　图 3.104　再次阵列对象

3.13.3　训练旋转功能

打开学习卡片 E24，本节将介绍如何绘制如图 3.105 所示的图形。

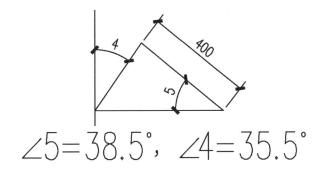

图 3.105　需要绘制的图形

（1）绘制直线并旋转。使用"直线"命令绘制一条长度为 400mm 的线段。使用"旋转"命令以线段的一个端点（图中①处）为旋转基点旋转-38.5，如图 3.106 所示。

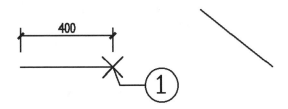

图 3.106　绘制直线并旋转

（2）绘制直线。过②点垂直向下绘制一条直线，长度不限。过③点水平向左绘制一条直线，长度不限，如图 3.107 所示。

（3）旋转直线。使用"旋转"命令，选择垂直直线，以②点为旋转基点旋转-35.5，如图 3.108 所示。

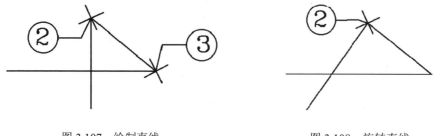

图 3.107　绘制直线　　　　　　　　图 3.108　旋转直线

最后使用"裁剪"命令裁掉多余的部分，完成操作。

3.13.4　训练裁剪功能

打开学习卡片 E25，本节将介绍如何绘制如图 3.109 所示的图形。

（1）绘制一个 400mm×400mm 的正方形，命令不限（可用"矩形""正多边形""直线""多段线"等命令），如图 3.110 所示。

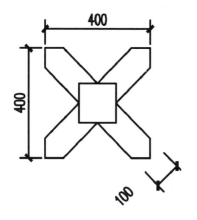

图 3.109　需要绘制的图形

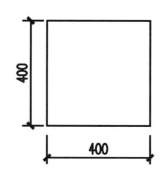

图 3.110　绘制正方形

（2）绘制对角线。使用"直线"命令绘制出正方形的一条对角线，如图 3.111 所示。

（3）偏移对象。使用"偏移"命令，选择对角线为偏移对象，以 50mm 为偏移距离向两侧各偏移出两条新直线，如图 3.112 所示。

（4）裁剪对象 1。使用"裁剪"命令，以正方形为边界，裁掉正方形以外多余的部分，完成之后如图 3.113 所示。

（5）裁剪对象 2。继续使用"裁剪"命令，以全部对象为边界，裁掉多余部分。

（6）镜像对象。使用"镜像"命令，选择全部对象，以对角线中点（图中①处）为镜像线上一点，垂直向上移动光标，在任意点单击为第二点，如图 3.114 所示。

（7）绘制矩形。过交点（图中②处）向上垂直引一条直线（图中③处）；过交点（图中④处）向下垂直引一条直线（图中⑤处），用两点法，通过两个对角点（图中⑥⑦处）绘制一个矩形（图中⑧处），如图 3.115 所示。

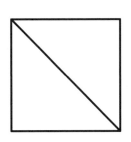

图 3.111　绘制对角线

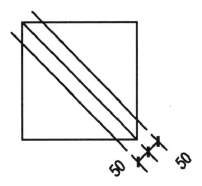

图 3.112　偏移对角线

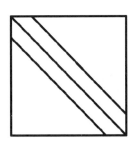

图 3.113　裁剪对象 1

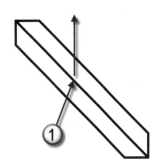

图 3.114　裁剪对象 2

（8）删除对象。删除多余的对象，完成后如图 3.116 所示。

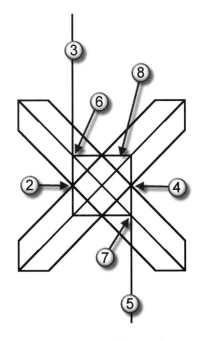

图 3.115　绘制矩形

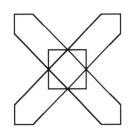

图 3.116　删除对象

最后裁剪掉多余的对象，完成操作。

3.13.5 训练复制与偏移功能

打开学习卡片 E26，本节将介绍如何绘制如图 3.117 所示的图形。

（1）使用"圆"命令随意绘制一个圆。使用"复制"命令，选择绘制好的圆（图中①处），以圆的最左侧的象限点（图中②处）为基点，以右侧的象限点（图中③处）为第二点，向右复制一个新圆（图中④处）。使用同样的方法复制另外两个圆（图中⑤⑥处），如图 3.118 所示。

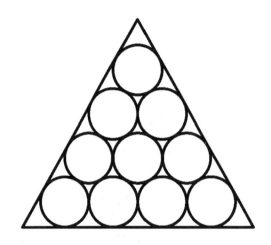

图 3.117　需要绘制的图形

图 3.118　复制圆

（2）绘制夹角为 60°的线。使用"直线"命令过第一个圆的圆心（图中①处）绘制出一条夹角为 60 度的直线，如图 3.119 所示。

（3）延伸对象。使用"延伸"命令将上一步绘制的直线延伸到圆上（图中箭头处），如图 3.120 所示。

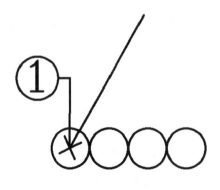

图 3.119　绘制夹角为 60°的线

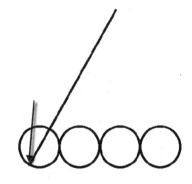

图 3.120　延伸直线

（4）复制圆。使用"复制"命令将图中箭头处的三个圆向上复制，基点为图中①处的交点，第二个点为图中②处的交点，如图 3.121 所示。

（5）复制另外的圆。使用同样的方法复制另外的圆，如图 3.122 所示。

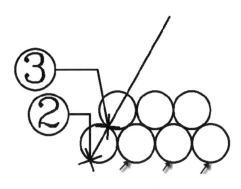

图 3.121　复制三个圆

图 3.122　复制另外的圆

（6）绘制三角形。使用"多段线"命令绘制一个三角形，这个三角形的三个顶点为三个圆的圆心（图中箭头处），如图 3.123 所示。

（7）偏移对象。使用"偏移"命令用过点法对上一步绘制的三角形进行偏移，让其通过图中④处的点，如图 3.124 所示。

删除多余的对象，即可完成操作。

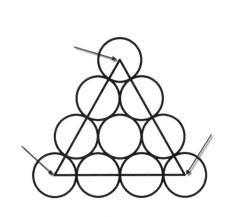

图 3.123　绘制三角形

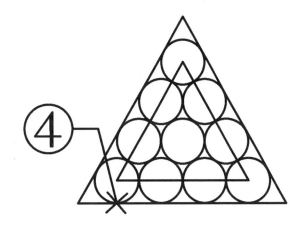

图 3.124　偏移三角形

3.13.6　圆角命令训练

打开学习卡片 E27、E28，本节将介绍如何绘制如图 3.125 所示的图形。

（1）绘制正五边形。使用"正多边形"命令的"单边法"绘制一个正五边形，边长为 300mm，如图 3.126 所示。

（2）生成圆角。使用"圆角"命令，半径为 100，对①②两条边进行圆角，生成一个圆角对象（图中③处），如图 3.127 所示。使用同样的方法生成另外 4 个圆角对象（图中箭头处），如图 3.128 所示。

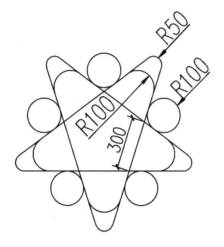

图 3.125　需要绘制的图形

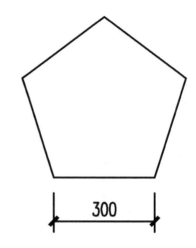

图 3.126　绘制正五边形

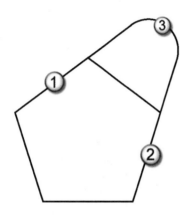

图 3.127　生成 1 个圆角对象

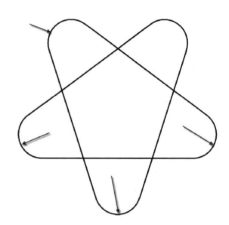

图 3.128　生成 4 个圆角对象

（3）再次生成圆角。使用"圆角"命令，半径为 50，对①②两条边进行圆角，生成一个圆角对象（图中④处），如图 3.129 所示。使用同样的方法生成另外 4 个圆角对象（图中箭头处），如图 3.130 所示。

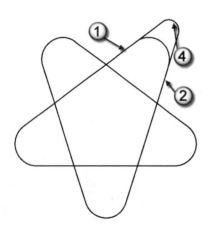

图 3.129　再次生成圆角对象

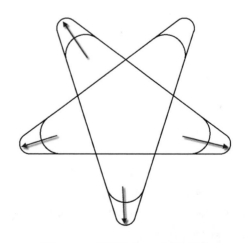

图 3.130　再次生成 4 个圆角对象

（4）选择菜单栏"绘图"|"圆"|"相切、相切、半径"命令，命令行提示"指定第一个切点"，单击图中⑤处的直线，命令行提示"指定第二个切点"，单击图中⑥处的直线，命令行提示"指定圆的半径"，输入 100，按"空格"键会生成一个圆（图中⑦处），如图 3.131 所示。

使用同样的方法绘制出另外 4 个圆。

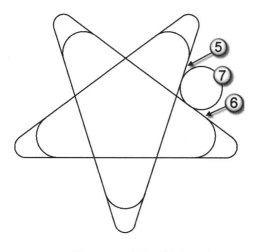

图 3.131　绘制一个圆

3.13.7　缩放训练

打开学习卡片 E28，本节将介绍如何绘制如图 3.132 所示的图形。

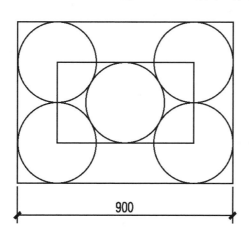

图 3.132　需要绘制的图形

（1）绘制与复制圆。使用"圆"命令随意绘制一个圆。使用"复制"命令，选择上一步绘制的圆，以圆的下部的象限点为基点，以圆上部的象限为第二点，向上复制出一个新圆，如图 3.133 所示。

（2）绘制 30°线。使用"直线"命令过第一个圆的圆心（图中①处）绘制出一条夹角为 30°的直线，如图 3.134 所示。

（3）延伸对象。使用"延伸"命令将上一步绘制的直线延伸到圆上（图中箭头处），如图 3.135 所示。

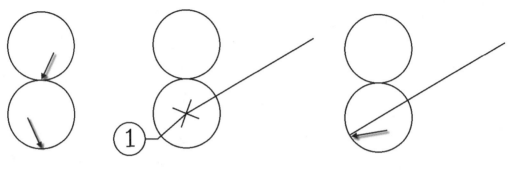

图 3.133　复制圆　　　　　图 3.134　绘制 30°线　　　　　图 3.135　延伸对象

（4）再次复制圆。使用"复制"命令，选择下部的圆，基点为图中②处的交点，第二个点为图中③处的交点，复制生成一个新圆（图中箭头处），如图 3.136 所示。

（5）镜像圆。使用"镜像"命令，选择左侧两个圆对象，镜像线第一点为图中④处的圆心，第二点为垂直向上的任意一点，镜像后生成另外两个圆（图中箭头处），如图 3.137 所示。

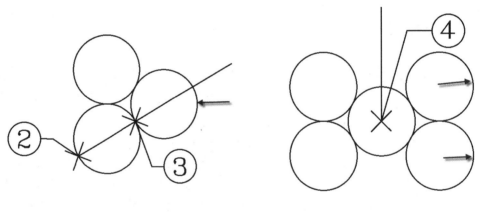

图 3.136　再次复制圆　　　　　　　　　图 3.137　镜像圆

（6）绘制矩形。使用"矩形"命令，用两点法绘制，两个点分别为图中⑤⑥处的两个圆心点，如图 3.138 所示。

（7）偏移矩形。使用"偏移"命令，用过点法对上一步绘制的矩形进行偏移，让其通过图中⑦处的点，如图 3.139 所示。

（8）缩放对象。直接输入缩放命令 Scale（缩写 SC，不区分大小写）并按"空格"键，命令行提示"选择对象:"，选择所有对象并按"空格"键，命令行提示"指定基点:"，单击图中⑧处的端点为基点，命令行提示"指定比例因子或 [复制(C)/参照(R)]:"，输入 R 并按"空格"键，将使用参照法进入缩放，命令行提示"指定参照长度 <1.0000>:"，依次单击图中⑧⑨点，命令行提示"指定新的长度或 [点(P)] <1.0000>:"，输入 900 并按"空格"

键完成操作，如图 3.140 所示。

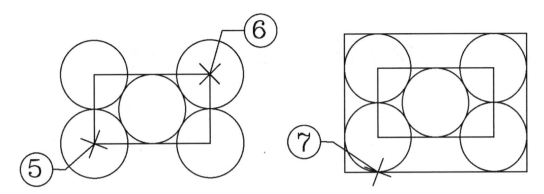

图 3.138　绘制矩形　　　　　　　　　　图 3.139　偏移矩形

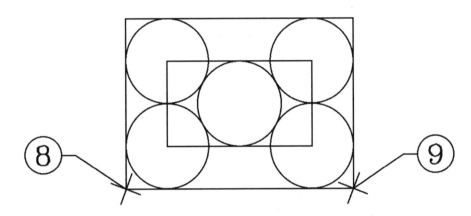

图 3.140　缩放对象

第4章 设置绘图环境

本章介绍一些使用 AutoCAD 绘图的辅助性设置，这些设置可以提高 AutoCAD 作图的效率。

4.1 视 图 变 换

视图可以简单地理解为在屏幕绘图区域看到的图形。需要注意的是，在屏幕上所看到的图形大小并不代表所绘制图形的实际大小。调整视图以达到作图的最佳效果是本节重点要讲解的内容。

4.1.1 视图缩放

在操作 AutoCAD 时，有时需要增大图像以便更详细地查看图形某一局部的细节，这称为放大；有时需要收缩图像以便在更大范围内查看图形，了解图形的整体状况，这称为缩小。要注意，此时的放大与缩小只是改变视图在屏幕上的显示比例，而并不改变图形的真正大小。

打开学习卡片 B27，本节的操作都基于该卡片完成，如图 4.1 所示。

直接输入视图缩放命令 Zoom（缩写 Z，不区分大小写）并按"空格"键，命令行提示"指定窗口的角点,输入比例因子 (nX 或 nXP)或者[全部(A)/中心(C)/动态(D)/范围(E)/上一个(P)/比例(S)/窗口(W)/对象(O)] <实时>:,"，有以下几种操作方法：

❑ 默认是窗口功能（输入 W 并按"空格"键也是窗口功能）：使用两个点（图中①②处）拖曳出一个窗口，这个窗口所在的区域会在屏幕上最大化显示。

❑ 实时（按"空格"键确认）：按住鼠标左键不放，向下移动光标是缩小，向上移动光标是放大。

❑ 中心（输入 C 并按"空格"键）：指定中心点（单击图中③处），然后输入高度（如1800），将以点③为视图中心，以 1800 为高度，放大视图。

❑ 对象（输入 O 并按"空格"键）：选择对象，会将这个对象最大化地显示在视图上。

❑ 上一个（输入 P 并按"空格"键）：显示上一步操作过的视图。

❑ 范围（输入 E 并按"空格"键）：将所有可见对象最大化地显示在视图上。

❑ 动态（输入 D 并按"空格"键）：会出现一个小窗口，操作这个小窗口将实现"动态"功能，指定中心点（图中④处），再指定边界点（图中⑤处），左移（缩小小窗口）或右移光标（放大小窗口），按"空格"键确定后，这个小窗口内的图形会最大化地显示在视图上。

注意："视图缩放"命令的功能很强大，其中的操作方法也很多。但是绘图人员一般不这样操作，而是习惯用鼠标上几个键的操作替代。鼠标"视图缩放"的具体方法将在本节后面详细介绍。

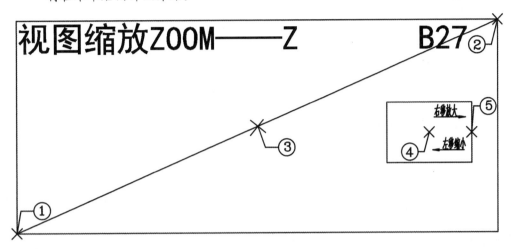

图 4.1　视图缩放

4.1.2　视图平移

平移，可以简单地理解为动态地移动图形，使图形的一部分显示在屏幕上，以方便操作。

直接输入平移视图命令 Pan（缩写 P，不区分大小写）并按"空格"键，十字光标变为手形 ✋，按住鼠标左键不放，向上、下、左、右移动光标，视图也会随之移动。在得到合适的视图位置之后，如果想退出"平移"命令，可以按"空格"键。如果不想退出"平移"命令，可以松开鼠标左键，将光标移动到图形的另一位置，然后再按住鼠标左键不放，即可从当前位置继续平移视图。

注意："平移"命令使用很频繁，本节后面会介绍更为简单的操作方法。

4.1.3　视图重生成

"重生成"命令为 Regen（缩写为 RE，不区分大小写），相当于刷新视图的功能，在以下三种情况下会用到。

（1）图形中有一些标识点，如图 4.2 所示。使用后会去掉这些标识点。

（2）圆弧形的对象显示为折线形对象，如图 4.3 所示，使用后折线对象会变为圆弧形对象。

（3）无法进一步缩小视图，或无法平移视图，使用后可以缩小或平移视图。

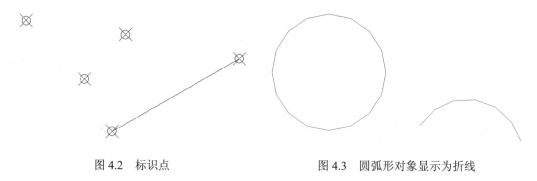

图 4.2　标识点　　　　　　　　　　　　图 4.3　圆弧形对象显示为折线

4.1.4　使用鼠标进行操作

视图变换中最频繁使用的是"视图缩放"命令中的"实时""范围"功能和"平移"命令。为了方便操作，AutoCAD 将这两个命令设置在鼠标的滚轮（图中①处）上，如图 4.4 所示。鼠标的滚轮一般可以进行下面四种操作：

❑ 向下滚动鼠标的滚轮是"视图缩放"中"实时"缩小视图的功能。

❑ 向上滚动鼠标的滚轮是"视图缩放"中"实时"放大视图的功能。

❑ 双击鼠标的滚轮是"视图缩放"中的"范围"功能。

❑ 向下按住鼠标滚轮不放是"平移"功能，此时，光标会变为手形🖑，可以向上、下、左、右移动光标，视图也会随之移动。

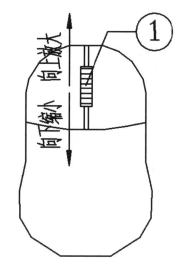

图 4.4　使用鼠标的操作

🔔注意：用鼠标的滚轮实现了上述四个最重要的功能之后，基本上可以不用"视图变换"的其他操作了。AutoCAD 作图的一般流程是：放大或缩小视图→平移→画图→放大或缩小视图→平移→画图→查看全部图形（"视图缩放"中的"范围"）以确定下一阶段作图的范围→缩小视图→平移→画图……

4.2　设置点样式

本节不仅介绍与"点"对象直接相关的命令——绘制点与点样式，而且介绍与"点"对象间接相关的命令——等分与节点的捕捉。打开学习卡片 B29，本节的操作都基于这个卡片完成。

4.2.1 点样式与绘制点

在使用 AutoCAD 绘制点之前，一定要设置好点样式。如果不进行设置，系统会使用默认的点样式。默认的点样式在屏幕上是很难看出来的。

直接输入点样式命令 PType（不区分大小写）并按"空格"键，会弹出"点样式"对话框。选择图中①处的样式，然后单击"确定"按钮，如图 4.5 所示。

注意：点样式一共有 20 种，除了图中③④处两个点样式不能选择外，其余 18 种都可以选择。图中③处的点样式（默认点样式）是一个极小的点，图中④处的点样式没有标志，用这两种样式画的点很难观察到。

直接输入点命令 Point（缩写 PO，不区分大小写）并按"空格"键，命令行提示"指定点"，单击需要绘制点的位置。按"空格"键重复上一次的点命令，命令行提示"指定点"，单击需要绘制点的位置。绘制几个点之后，结果如图 4.6 所示。

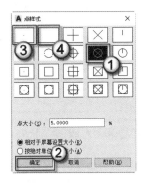

图 4.5　点样式

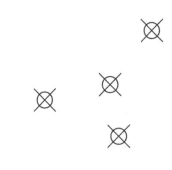

图 4.6　绘制点

注意：在 AutoCAD 绘图实践中，很少有直接绘制点的情况，也就是说很少使用到点命令。绘图人员更习惯使用"定距等分"或者"定数等分"两个"等分"命令在对象上生成"点"，这些生成的"点"可以用"节点"的方法进行捕捉。

4.2.2 定数等分与节点捕捉

定数等分，就是在所选对象上创建一定数目的点，这些点沿着所选对象按给出的数目标明等分点的位置。这些点可以用"节点"的方式进行捕捉。

此处以绘制一个五角星为例，说明定数等分与节点捕捉的方法。

（1）绘制一个圆。使用"圆"命令绘制一个大小不限的圆，如图 4.7 所示。

（2）设置点样式。直接输入点样式命令 PType（不区分大小写）并按"空格"键，会弹出"点样式"对话框，选择图中①处的样式，然后单击"确定"按钮，如图 4.8 所示。

（3）等分对象。直接输入定数等分命令 Divide（缩写 DIV，不区分大小写）并按"空格"键，命令行提示"选择要定数等分的对象"，单击选择第（1）步绘制的圆，命令行提示"输入线段的数目"，输入 5 并按"空格"键，圆对象上会出现 5 个点，如图 4.9 所示。

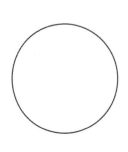

图 4.7　绘制圆　　　　　　　　　　图 4.8　设置点样式

（4）设置节点的捕捉。直接输入对象捕捉命令 Osnap（缩写 OS，不区分大小写）并按"空格"键，在弹出的"草图设置"对话框中勾选"节点"复选框，单击"确定"按钮，如图 4.10 所示。

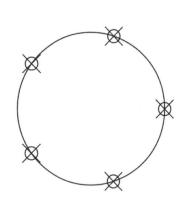

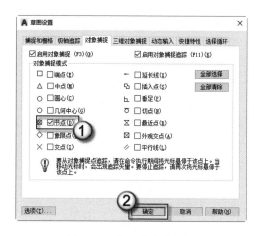

图 4.9　等分对象　　　　　　　　　图 4.10　设置节点的捕捉

（5）使用"直线"命令完成五角星的绘制，结果如图 4.11 所示。删除多余的对象并进行"裁剪"操作，结果如图 4.12 所示。

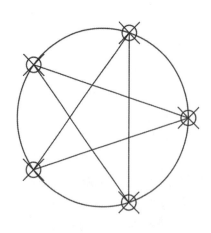

图 4.11　完成五角星　　　　　　　　图 4.12　修饰五角星

⚠注意：等分对象并没有把对象打断，而只是在对象上增加了一些节点。

4.2.3 定距等分

与定数等分不同，定距等分是沿所选对象按给定的距离创建点。

（1）绘制长为 500mm 的线段。使用"直线"命令绘制一条水平方向长度为 500mm 的线段，如图 4.13 所示。

（2）直接输入定距等分命令 Measure（缩写 ME，不区分大小写）并按"空格"键，命令行提示"选择要定距等分的对象"，单击选择第（1）步绘制的线段的左半部分，命令行提示"输入线段的长度"，输入 70 并按"空格"键，线段对象上会出现 5 个点，如图 4.14 所示。

图 4.13   没有等分之前的段线   图 4.14   定距等分后的直线

按照步骤（2），命令行提示"选择要定距等分的对象"，如果单击线段的右半部分，则得到的结果如图 4.15 所示。

图 4.15   从右至左定距等分的结果

⚠注意：线段长度是 500mm，以 70mm 的固定距离进行定距等分，$500 \div 70 = 7 \cdots 10$，所以线段对象上会出现 7 个点。

4.3 设 置 线 型

在工程制图中会使用不同的线型表达不同的意义，如点画线表示对称轴，虚线表示隐藏（或被遮挡）的对象等。

4.3.1 加载线型

AutoCAD 本身已带有许多不同的线型，但在默认状态下仅可使用连续线型。如果要使用其他的线型，则必须将相应的线型加载至当前图形中。

（1）启动线型管理器。直接输入命令 LineType（缩写 LT，不区分大小写）并按"空格"键，会弹出"线型管理器"对话框，可以看到当前只有 Continuous（连续）线型（图中①处），单击"加载"按钮（图中②处），准备加载其他线型，如图 4.16 所示。

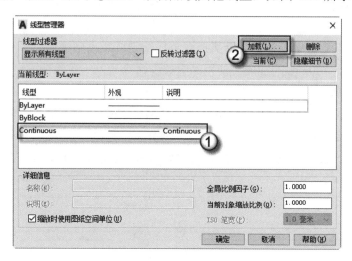

图 4.16　线型管理器

（2）加载线型。在弹出的"加载或重载线型"对话框中，按住 Ctrl 键，依次单击 DASHDOT（图中①处）、HIDDEN（图中②处）两个线型，单击"确定"按钮（图中③处）完成操作，如图 4.17 所示。

🔔注意：DASHDOT 是点画线，HIDDEN 是虚线。

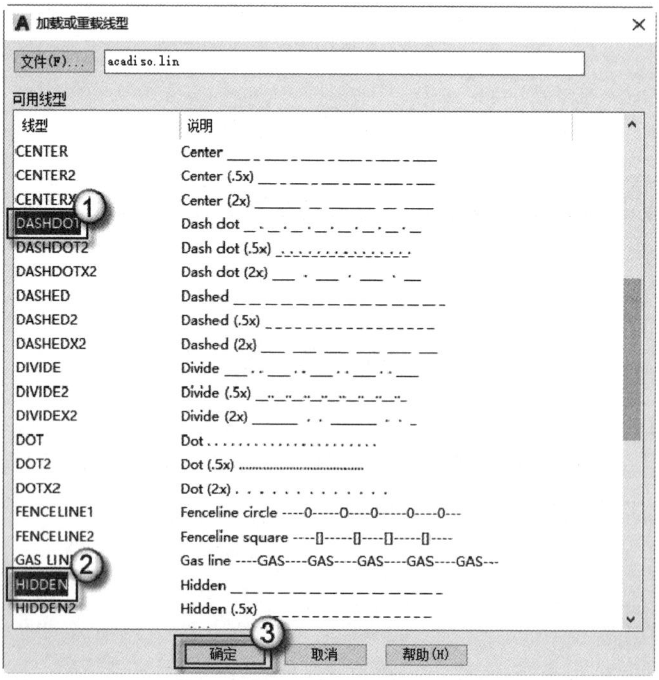

图 4.17　加载线型

4.3.2 切换线型

假如已经按照上一节的方法加载了几种不同的线型。在绘图过程中需要使用某一指定的线型，则要在各种线型之间进行切换，这时，便可以进行适当的操作使某一线型成为当前线型。切换线型有两种操作方法。

- 直接输入命令 LineType（缩写 LT，不区分大小写）并按"空格"键，会弹出"线型管理器"对话框，单击选择需要的线型，如 DASHDOT 线型（图中①处），单击"当前"按钮（图中②处），单击"确定"按钮（图中③处），如图 4.18 所示。这样，便把 DASHDOT 线型设置为了当前线型。当前，只要绘图，对象皆会是 DASHDOT 线型。

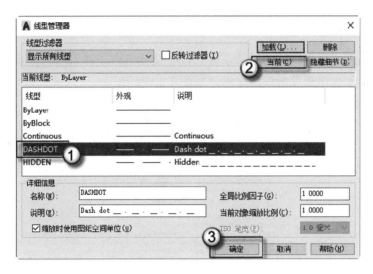

图 4.18 切换线型

- 在"特性"工具栏（图中①处）中的"线型"下拉列表（图中②处）中直接选择"HIDDEN"线型（图中③处），如图 4.19 所示。这样，便把 HIDDEN 线型设置为当前线型。当前，只要绘图，对象皆会是 HIDDEN 线型。

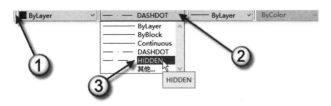

图 4.19 设置 HIDDEN 线型为当前线型

注意：这两种切换线型的方法，使用"特性"工具栏操作要简单一些。切换线型还可以使用"图层"的方法操作，后面在学习"图层"功能时会详细介绍。

4.3.3　线型比例

如果设置了线型，并切换到了当前线型，画出的对象不显示当前线型，此时就需要设置对象的线型比例。线型比例的数值没有定论，只能边调整边看效果。在绘制建筑施工图时，采用 1∶100 的出图比例，线型比例数值为 100 左右。在绘制机械零件图时，采用 2∶1 的出图比例时，线型比例在 0.5 左右。

1．全局线型比例

输入系统变量 LTScale（缩写 LTS，不区分大小写）并按"空格"键，命令行提示"输入新线型比例因子"，输入需要的线型比例数值，然后按"空格"键即可。

2．局部线型比例

选择需要修改的线型比例的对象，按 Ctrl+1 快捷键，在弹出的"特性"面板中的"线型比例"栏中输入当前对象的线型比例，如图 4.20 所示。

图 4.20　修改线型比例

第5章 图形管理

绘图人员在绘制完图形后，需要对图形不断进行修改。为了提高后期修改的效率，图形管理的操作就显得格外重要了。

5.1 图 层

与手工绘图不同，AutoCAD 引入了图层的概念，这也是用 AutoCAD 来代替手工绘图的优点之一。

图层是把图形对象按类别分组管理的工具，作用是为了方便修改图形。例如，已经设计好了某一产品，如果生产中需要提供该产品的图纸，则可以将所有图层的内容同时打印在图上以满足生产的需要；而如果需要将产品的外形提供给客户作介绍，为了避免相关的详细尺寸被泄密，则可以将尺寸标注的图层关闭，这样打印出来的设计图只有轮廓而不显示尺寸标注。

在实际的工作中，往往需要设置很多图层以满足不同的工作需要。

5.1.1 创建图层

AutoCAD 在默认情况下只有一个名为 0 的特定图层（图中①处）。这个图层的颜色为"白"色，线型为连续线型。图层 0 不能被删除，不能重命名。

（1）发出命令。直接输入图层命令 Layer（缩写 LA，不区分大小写）并按"空格"键，将弹出"图层特性管理器"对话框。

（2）新建图层。单击"新建图层"按钮（图中②处）或按 Alt+N 快捷键新建一个图层，默认新建的图层名叫"图层 1"（图中③处），可以按 F2 键对其重命名。

（3）设置颜色。单击这个图层的"颜色"按钮（图中④处），会弹出"选择颜色"对话框（图中⑤处），在其中选择需要设置的颜色，单击"确定"按钮。

（4）加载线型。单击 Continuous 按钮（图中⑥处），在弹出的"选择线型"对话框中（图中⑦处）单击"加载"按钮（图中⑧处），加载需要设置的线型，如图 5.1 所示。线型的设置在 4.3 节中详细介绍过，此处不再赘述。

注意：图层建好之后，可以随时使用"图层"命令来更改图层的名称与属性。

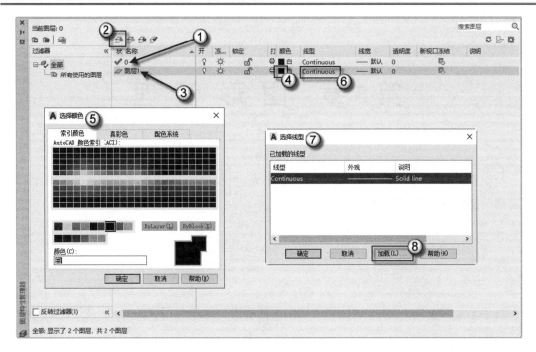

图 5.1　图层特性管理器

5.1.2　切换图层

如果在绘图过程中需要使用不同的图层，即在各图层之间进行切换，可以使用下面两种操作的任意一种使某一图层成为当前图层，这时所绘制的图形就位于该图层上面。打开学习卡片 L01，本节与下一节的操作都基于该卡片完成。切换图层的方法有两种：

❑ 直接输入图层命令 Layer（缩写 LA，不区分大小写）并按"空格"键，将弹出"图层特性管理器"对话框，可以看到，图层 0 是当前图层，当前图层的名称前面有个 √（图中①处）。选择需要置为当前图层的图层，如"L-文字"图层（图中②处），单击"置为当前"按钮（图中③处）或按 Alt+C 快捷键，把所选图层置为当前图层，如图 5.2 所示。

❑ 在"图层"工具栏中激活"图层"的下拉列表（图中①处），选择"L-文字"图层（图中②处），这样便把所选图层置为了当前图层，如图 5.3 所示。

🔔注意：在图层切换过程中，尽管所绘的图形位于当前图层上，但是在进行编辑操作如"复制""偏移""阵列"等时，原对象在哪个图层上，编辑后的对象还是在哪个图层上。

此外，还可以使用"将对象图层置为当前图层"命令 Laymcur（不区分大小写），或单击 按钮，选择相应的对象，即把这个对象所在的图层置为当前图层。

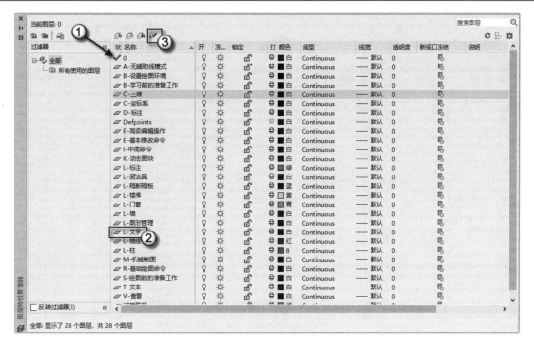

图 5.2　置为当前图层

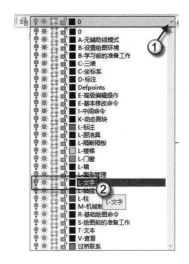

图 5.3　切换当前图层

5.1.3　操控图层

在图层创建好之后，可以对所创建的图层进行各种各样的操作。最常见的就是打开或关闭某一图层、锁定或解锁某一图层。

1. 关闭或打开图层

这里以"L-柱"图层为例，说明如何关闭或打开图层。

（1）学习卡片 L01 中有一些柱子（图 5.4 中箭头处），直接输入图层命令 Layer（缩写 LA，不区分大小写）并按"空格"键，将弹出"图层特性管理器"对话框，找到"L-柱"图层，单击其旁边的亮显电灯泡（图 5.4 中①处）。

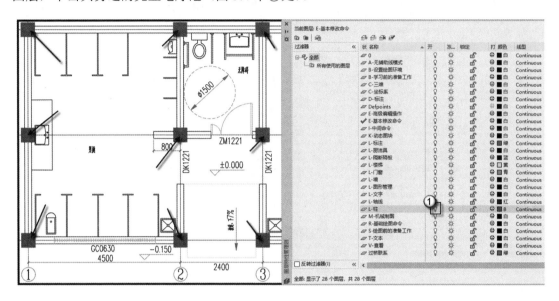

图 5.4 "L-柱"图层

（2）此时，图中的柱子全部不显示了即关闭了图层，电灯泡也变成了暗显（图中①处），如图 5.5 所示。

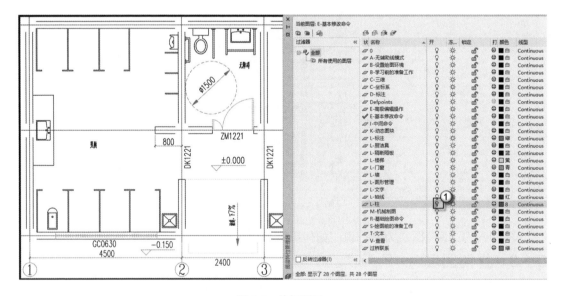

图 5.5 关闭图层

如果需要再打开"L-柱"图层，则可以单击暗显的电灯泡，操作后电灯泡变为亮显，图层中的图形也会显示出来。

注意：关闭或打开图层（图中①处）、冻结或解冻图层（图中②处），如图 5.6 所示。这
两个功能有些类似，关闭图层与冻结图层都是不显示图层中的图形对象。但是也
有区别，关闭图层后，图形对象虽然不显示，但还是参与计算。冻结图层后，
图形对象不显示也不参与计算。例如在绘制规划图时，有等高线的地形，在变换
视图时，因为等高线图形很大，操作起来不方便。如果暂时不需要等高线，应该
将这个图层冻结。冻结之后，这个图层不计算了，缩放、平移视图就会很流畅。
而如果只是关闭等高线的图层，虽然等高线不显示了，但在平移、缩放视图时一
样会实时计算，一样会卡顿。

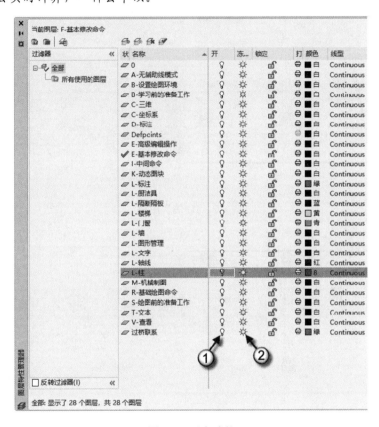

图 5.6　两个功能

2．锁定图层与解锁图层

这里以"L-墙"图层为例，说明如何锁定图层或解锁图层。

（1）学习卡片 L01 中有一些墙体（图中箭头处），直接输入图层命令 Layer（缩写 LA，
不区分大小写）并按"空格"键，将弹出"图层特性管理器"对话框，找到"L-墙"图层，
单击其旁边的开放的锁头（图中①处），如图 5.7 所示。

（2）此时，锁头变成了闭合状（图中①处），将光标移动至墙体上会出现一个锁头提示
（图中②处），这表明对象所在图层是锁定的，如图 5.8 所示。

图层锁定之后，图层上的对象不能进行任何编辑操作（如复制、移动、偏移、阵列等），
只能进行参照。例如，"L-墙"图层锁定了，这个图层中的图形文件（墙体）是不会被误操

作破坏的。但是画图时可以参照墙体，布置洁具、家具等是需要参照墙体的，这就是锁定图层的意义。

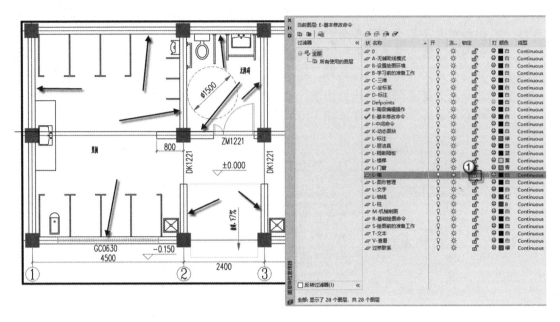

图 5.7 "L-墙"图层

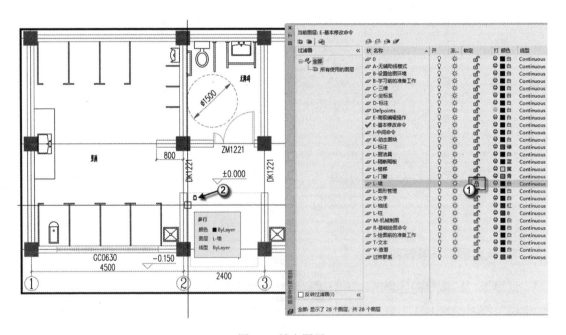

图 5.8 锁定图层

3. 只显示某一图层

这里以只显示"L-轴线"图层为例说明只显示某一图层的操作方法。

（1）将"L-轴线"图层置为当前图层。直接输入图层命令 Layer（缩写 LA，不区分大小写）并按"空格"键，将弹出"图层特性管理器"对话框，选择"L-轴线"图层（图中①处），单击"置为当前"按钮（图中②处），将"L-轴线"图层置为当前图层，如图 5.9 所示。

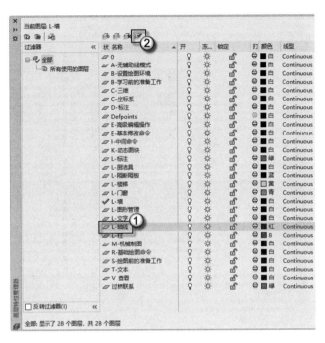

图 5.9　将"L-轴线"图层置为当前图层

（2）反转选择。右击"L-轴线"图层，在弹出的右键菜单中选择"反转选择"命令，如图 5.10 所示。这样操作，除了"L-轴线"图层外，其他所有图层都会被选上。

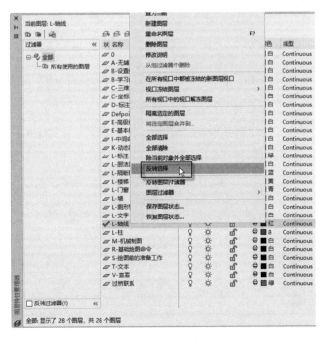

图 5.10　反转选择

（3）关闭所选图层。单击"L-轴线"外任意图层旁边的小灯泡，如图 5.11 所示。在"图层特性管理器"对话框中可以看到当前图层"L-轴线"图层（图中①处）是打开的，其余所有图层（图中②处）是关闭的，视图中也只显示轴线对象（图中③处），如图 5.12 所示。

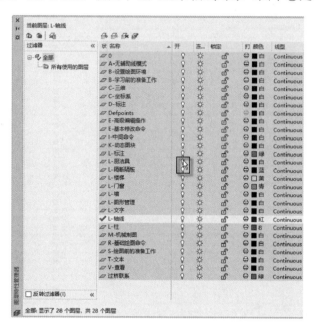

图 5.11　关闭图层

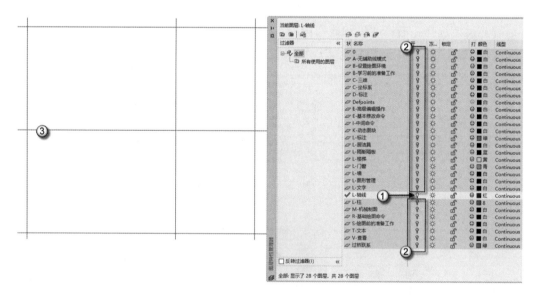

图 5.12　只显示轴线

5.1.4　图层过滤器

图层过滤器可以简单地理解为图层组。多个类别相同或相互关联的图层可以创建一个图层过滤器。

（1）新建组过滤器。直接输入图层命令 Layer（缩写 LA，不区分大小写）并按"空格"键，将弹出"图层特性管理器"对话框，在"过滤器"栏中右击"全部"选项（图中①处），在弹出的右键菜单中选择"新建组过滤器"命令（图中②处），或按 Alt+G 快捷键，如图 5.13 所示。然后在名称栏中输入 L 字样，如图 5.14 所示。

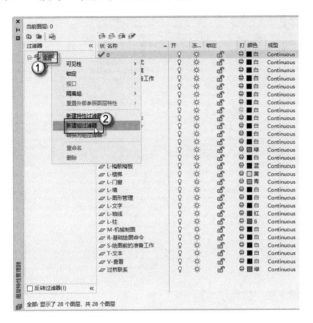

图 5.13　新建组过滤器　　　　　　　　　图 5.14　命名组过滤器

（2）加入图层。双击"所有使用的图层"选项（图中①处），在图层栏中选择所有以 L 开头的图层（图中②处），将所选的图层拖曳入 L 过滤器，如图 5.15 所示。

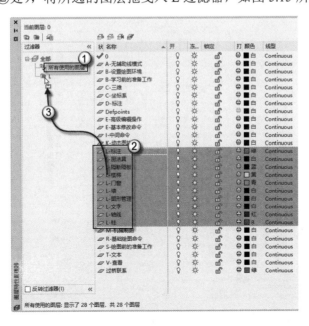

图 5.15　拖曳图层

（3）检查过滤器。双击 L 过滤器（图中①处），可以看到这个过滤器里面所有的图层（图中②处），如图 5.16 所示。

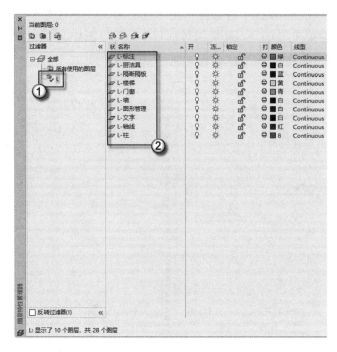

图 5.16　检查过滤器

（4）反转过滤器。勾选"反转过滤器"复选框（图中①处），会出现除 L 过滤器外的所有图层（图中②处），如图 5.17 所示。

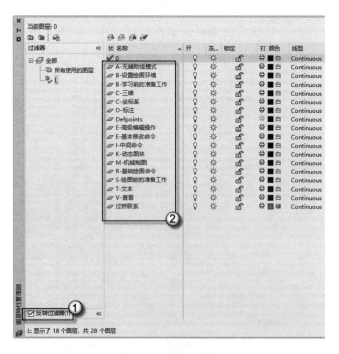

图 5.17　反转过滤器

🔔注意：这里以 L 开头的图层皆是介绍"图层"概念的图层，将这些图层放入一个过滤器中更方便后面的操作。

5.2　图　　块

图块是由多个对象组合起来形成的单个对象。使用图块的目的是方便管理图形与提高作图效率。对同一图块对象进行大量复制之后，更改其中一个图块，其他图块会联动进行修改。

打开学习卡片 L01，本节的操作都基于此卡片完成。

5.2.1　创建图块

本节以制作蹲便器图块为例说明图块的创建与插入方法。

（1）切换图层。直接输入图层命令 Layer（缩写 LA，不区分大小写）并按"空格"键，将弹出"图层特性管理器"对话框，在"过滤器"栏中选择"全部"选项（图中①处），选择 0 图层（图中②处），单击"置为当前"按钮（图中③处），将 0 图层置为当前图层，如图 5.18 所示。图层 0 的主要作用就是制作图块，在图层 0 制作的图块，在哪个图层插入，这个图块就属于哪个图层。

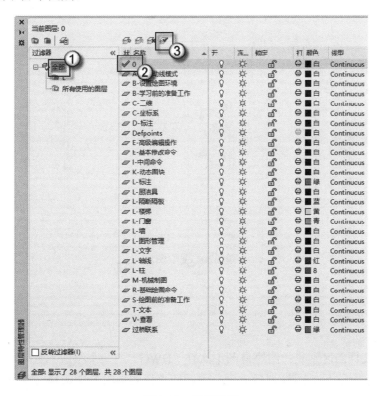

图 5.18　当前图层

（2）直接输入图块命令 Block（缩写 B，不区分大小写）并按"空格"键，在弹出的"块定义"对话框中的"名称"栏中输入"蹲便器"字样（图中①处），单击"拾取点"按钮（图中②处），单击蹲便器一条边的中点（图中③处），单击"转换为块"单选按钮（图中④处），单击"选择对象"按钮（图中⑤处），选择全部蹲便器对象（图中⑥处），单击"确定"按钮（图中⑦处）就完成了图块的建立，如图 5.19 所示。

🔔注意："转换为块"单选按钮一定要选上，这样所选的对象才会由图形转换为图块。

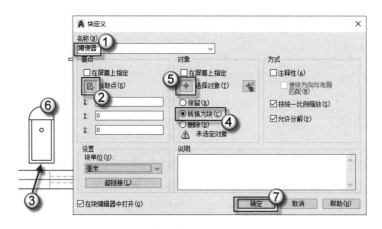

图 5.19　块定义

（3）复制图块。将刚建立的图块使用"复制"命令复制到卫生间的隔断中，如图 5.20 所示。

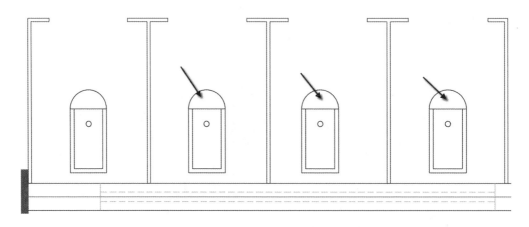

图 5.20　复制图块

5.2.2　写块文件

图块与块文件的区别是：图块是图形文件（DWG）的一个组成部分，块文件是一个单独的 DWG 文件。这里以回轮直径为例，将回轮直径图形对象做成块文件并命名为"回轮直径.DWG"。

直接输入写块文件命令 WBlock（缩写 W，不区分大小写）并按"空格"键，在弹出的"写块"对话框中，单击"拾取点"按钮（图中①处），单击圆对象的圆心（图中②处），单击"选择对象"按钮（图中③处），选择整个回轮直径（图中④处），在"文件名和路径"栏中输入"回轮直径"字样（图中⑤处），切换"插入单位"为"毫米"（图中⑥处），单击"确定"按钮（图中⑦处），如图 5.21 所示。

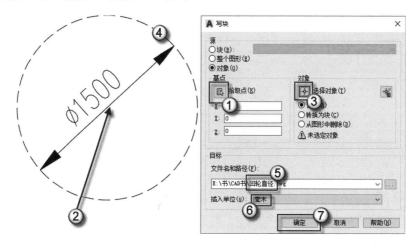

图 5.21　写块

这样就会生成一个名为"回轮直径"的 DWG 文件，这个文件就是刚制作的块文件。

5.2.3　插入图块

这里以在女厕中插入蹲便器说明插入图块的一般方法。

插入图块。直接输入插入图块命令 Insert（缩写 I，不区分大小写）并按"空格"键，在弹出的"块"对话框中，在"角度"栏中输入 180（图中①处），选择"蹲便器"图块（图中②处），然后拖入女厕的隔断中（图中③处），如图 5.22 所示。

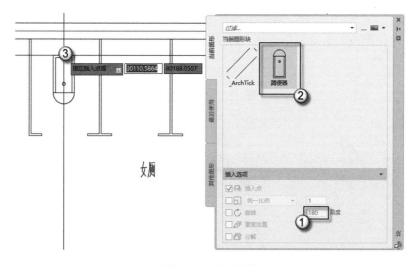

图 5.22　插入图块

　　插入块文件。直接输入插入图块命令 Insert（缩写 I，不区分大小写）并按"空格"键，在弹出的"块"对话框中，单击···按钮（图中①处），在弹出的"选择图形文件"对话框中找到上一节制作好的命名为"回轮直径"的块文件（图中②处），单击"打开"按钮（图中③处），如图 5.23 所示。这样就可以插入块文件了。

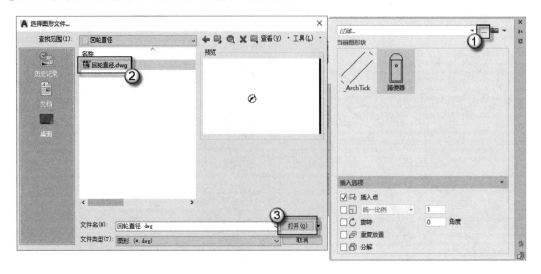

图 5.23　插入块文件

5.2.4　编辑图块

　　不论复制的图块，还是插入的图块，只要修改其中一个图块，其余图块便会联动进行修改。双击图块会进入图块编辑模式，在其中进行修改或编辑就可以了。

　　此处以男厕蹲便器为例说明修改图块的方法。男厕有 4 个蹲便器（图中①②③④处），都是"蹲便器"图块，如图 5.24 所示。双击①处的图块，将弹出"编辑块定义"对话框，单击"确定"按钮，如图 5.25 所示。进入"块编辑器"，使用"移动"命令，将排水点（图中⑤处）垂直向下移动到⑥处，如图 5.26 所示。完成后单击"关闭块编辑器"按钮，在弹出的"块-未保存更改"对话框中选择"将更改保存到蹲便器"选项，如图 5.27 所示。

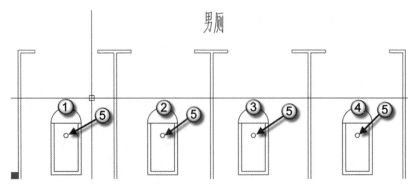

图 5.24　修改前的图块

图 5.25　编辑块定义

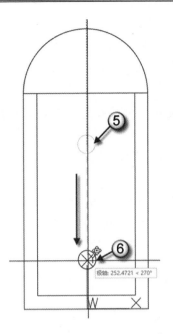

图 5.26　移动排水点

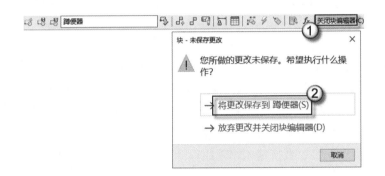

图 5.27　保存块的更改

完成之后，可以观察到 4 个蹲便器（图中①②③④处）的排水点皆移动到下部了（图中⑥处），如图 5.28 所示。

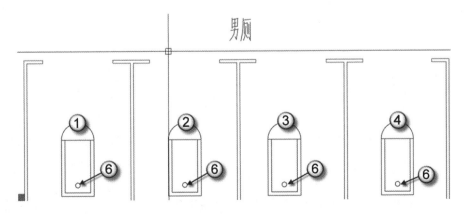

图 5.28　更改之后的图块

5.3　组

组是由多个对象组合起来形成的单个对象。使用组的目的是为了管理图形。

5.3.1　创建组

打开学习卡片 L02，本节的操作都基于该卡片完成。可以看到这里有一些矩形对象，有一些圆形对象，如图 5.29 所示。把矩形对象建成一个组，叫"矩形"；把圆形对象建成一个组，叫"圆形"。

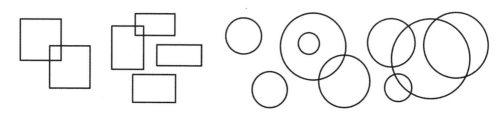

图 5.29　矩形对象与圆形对象

（1）创建"矩形"组。直接输入创建组命令 Group（缩写 G，不区分大小写）并按"空格"键，命令行提示"选择对象或 [名称(N)/说明(D)]"，输入 N 并按"空格"键，命令行提示"输入编组名或 [?]:"，输入"矩形"并按"空格"键，命令行提示"选择对象"，选择全部矩形对象，并按"空格"键完成操作。

（2）创建"圆形"组。直接输入创建组命令 Group 并按"空格"键，命令行提示"选择对象或 [名称(N)/说明(D)]"，输入 N 并按"空格"键，命令行提示"输入编组名或 [?]:"，输入"圆形"并按"空格"键，命令行提示"选择对象"，选择全部圆形对象，并按"空格"键完成操作。

可以看到所有的矩形对象是一个整体（图中①处），就是一个组；所有的圆形对象也是一个整体（图中②处），也是一个组，如图 5.30 所示。

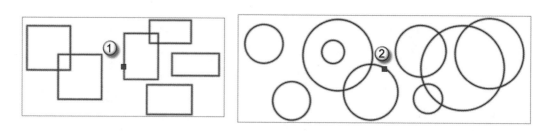

图 5.30　两个组

可以使用系统变量 PICKSTYLE 来决定在屏幕中显示是组（一个对象）还是多个对象。取值为 0 时屏幕中不显示组，是多个对象。取值为 1 时屏幕中显示组，即一个对象。

5.3.2　编辑组

本节将使用"编辑组""重命名""分解组"三个命令对组对象进行编辑操作。

（1）使用"复制"命令把"矩形"组（图中①处）复制两组（图中③④处），把"圆形"组（图中②处）复制一组（图中⑤处），如图 5.31 所示。

（2）编辑组。直接输入编辑组命令 GroupEdit（不区分大小写）并按"空格"键，命令行提示"选择组或 [名称(N)]:"，选择④处的组，命令行提示"输入选项 [添加对象(A)/删除对象(R)/重命名(REN)]:"，输入 R 并按"空格"键，命令行提示"删除对象"，选择⑥处的矩形将其从这个组中剔除出去，如图 5.32 所示。

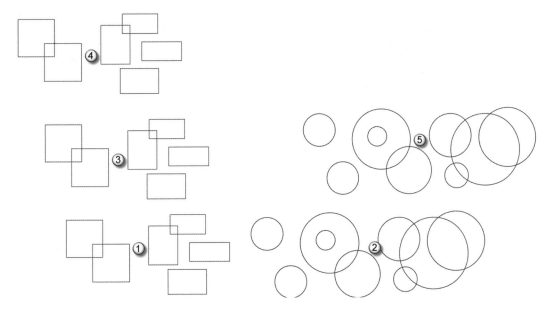

图 5.31　复制组

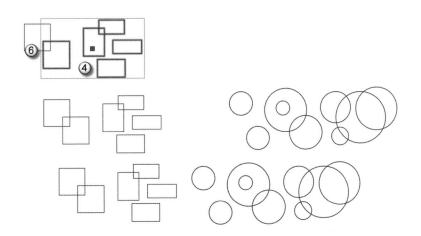

图 5.32　编辑组

（3）用"编辑组"命令重命名组。按"空格"键重复上一步的"编辑组"命令，命令行提示"选择组或 [名称(N)]:"，选择④处的组，命令行提示"输入选项 [添加对象(A)/删除对象(R)/重命名(REN)]:"，输入 REN 并按"空格"键，命令行提示"输入组的新名称或 [?]:"，输入"矩形 2"并按"空格"键。

🔔注意：复制组之后，AutoCAD 会为组自动生成一个组名称，绘图人员可以将这个组重命名，改为较容易识别的名称。

（4）用"经典组"命令重命名组。直接输入经典组命令 ClassicGroup（不区分大小写）并按"空格"键，会弹出"对象编组"对话框，在"编组名"栏中有 3 个已命名的组，如图 5.33 所示。也就是还有两个组没有命名。勾选"包含未命名的"复选框，在"编组名"栏中会出现两个以"*"开头的组名，如图 5.34 所示。这两个组就是没有命名的组。选择 *A1 组并单击"亮显"按钮，可以看到⑤所示的组加亮显示了，这说明组*A1 就代表⑤的圆形组，在弹出的"对象编组"对话框中单击"继续"按钮（图中⑥处），在"编组名"栏中输入需要重命名的组名（图中⑦处），单击"确定"按钮完成操作，如图 5.35 所示。

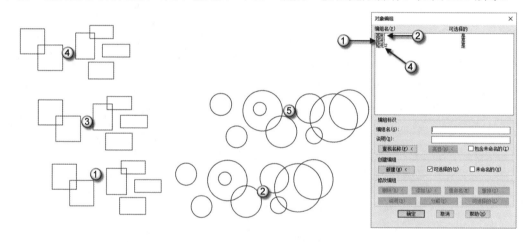

图 5.33　已命名的组

图 5.34　未命名的组

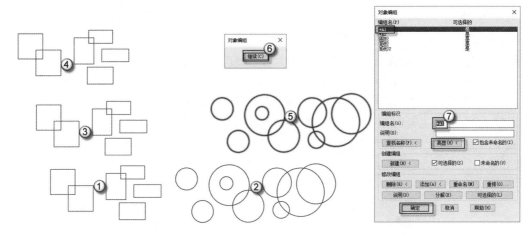

图 5.35　重命名组

🔔注意："经典组"命令是 AutoCAD 老版本中的"创建组"命令。

（5）分解组。直接输入分解组命令 UnGroup（不区分大小写）并按"空格"键，命令行提示"选择组或 [名称(N)]:"，选择待分解的组，命令行提示"组已分解"，这表明所选择的组已经分解成功了。

🔔注意：组不能使用"分解"命令（简写为 X）进行分解，只能使用"分解组"命令进行分解。

5.3.3　隔离对象

使用隔离对象的作用是：当视图中的对象比较多时可以隐藏一些不必要的对象，以方便操作。隔离有两层含义：隐藏一些不必要的对象，或只显示一些需要的对象。

单击右下角"隔离对象" ᵇ᷿ 按钮会弹出一个菜单，如果视图中没有对象被隔离，则这个菜单有两个选项："隔离对象"与"隐藏对象"。如果视图中有对象被隔离，则这个菜单有三个选项："隔离对象""隐藏对象"和"结束对象隔离"。这几个命令的作用如下：

❑ 隔离对象（命令是 IsolateObjectis，不区分大小写）：在当前视图中暂时隐藏除选定对象之外的所有对象。

❑ 隐藏对象（命令是 HideObjectis，不区分大小写）：在当前视图中暂时隐藏所选定的对象。

❑ 结束对象隔离（命令是 Un IsolateObjectis，不区分大小写）：显示之前通过"隔离对象"或"隐藏对象"命令隐藏的对象。

打开学习卡片 L03，在这个卡面中要进行两步操作：（1）将菱形对象以圆对象的圆心为中心阵列 6 个。（2）将细线的矩形对象向下垂直复制一组，间距为 700mm。如图 5.36 所示。

因为图形对象有很多，需要使用到"隔离对象"相关操作。

（1）隔离对象。单击右下角"隔离对象" ᵇ᷿ 按钮，在弹出的菜单中选择"隔离对象"命令，命令行提示"选择对象"，选择菱形与圆形两个对象，按"空格"键确认，此时视图中只剩下这两个对象，如图 5.37 所示。使用"阵列"命令，对菱形对象进行极轴阵列，阵列中心为圆心，完成后如图 5.38 所示。然后再次单击右下角"隔离对象" 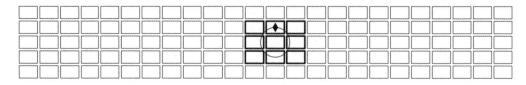 按钮，在弹出的菜单中选择"结束隔离对象"命令，将所有隐藏的对象显示出来。

图 5.36　两步操作的对象

图 5.37　两个对象

图 5.38　完成阵列

（2）隐藏对象。单击右下角"隔离对象" 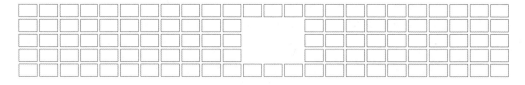 按钮，在弹出的菜单中选择"隐藏对象"命令，命令行提示"选择对象"，选择菱形、圆形、粗线矩形三类对象，按"空格"键确认，这三类对象便被隐藏了，如图 5.39 所示。把这三类对象隐藏后，方便了后续的操作。使用"复制"命令，选择全部细线矩形对象，向下垂直进行复制，间距为 700mm，如图 5.40 所示。然后再次单击右下角"隔离对象" 按钮，在弹出的菜单中选择"结束隔离对象"命令，将所有隐藏的对象显示出来。

图 5.39　隐藏对象之后

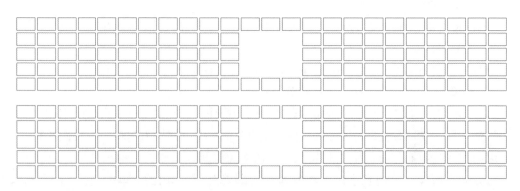

图 5.40　复制对象

第6章　测量与查询

本章介绍如何通过一系列命令来了解对象的一些几何参数，如长度、面积、坐标等。

6.1　测　　量

在 AutoCAD 中可以快捷地测量对象的长度、面积、体积等，也可以测量对象间的位置关系，如距离、夹角等。

6.1.1　动态测量

打开学习卡片 V01，本节的操作都基于该卡片完成。

直接输入动态测量命令 MeasureGeom（缩写 MEA，不区分大小写）并按"空格"键，命令行提示"移动光标"，将光标移动至多段线围合的区域，可以看到 AutoCAD 会自动测量对象的长度（图中①处）、角度（图中②处）、半径（图中③处），如图 6.1 所示。

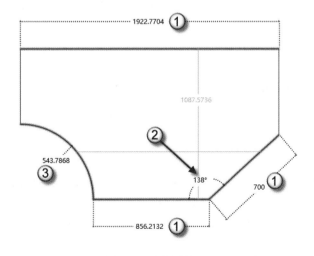

图 6.1　动态测量

6.1.2　测量距离

打开学习卡片 V03，本节的操作都基于该卡片完成。"距离"命令主要是测量两个点之间的长度。此处要测量①②、③④之间的长度，如图 6.2 所示。

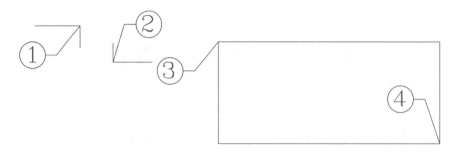

图 6.2　测量长度

直接输入距离命令 Dist（缩写 DI，不区分大小写）并按"空格"键，命令行提示"指定第一点"，单击①处的端点，命令行提示"指定第二个点"，移动光标至②处。在移动的过程中，会自动出现两点间的距离（图中箭头处），单击②处的端点，如图 6.3 所示。此时命令行会出现"距离 = 467.0227，XY 平面中的倾角 = 313，与 XY 平面的夹角 = 0，X 增量 = 318.6351，Y 增量 = −341.4409，Z 增量 = 0.0000"字样。使用同样的方法测量③④之间的长度。

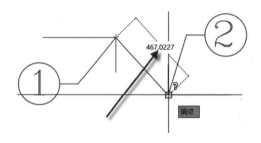

图 6.3　两点间的长度

6.1.3　测量面积与周长

打开学习卡片 V05，本节的操作都基于该卡片完成。计算面积与周长有两种方法。

（1）指定点法：直接输入面积命令 Area（缩写 AA，不区分大小写）并按"空格"键，命令行提示"指定第一个角点或 [对象(O)/增加面积(A)/减少面积(S)] <对象(O)>:"，单击①处的端点，命令行提示"指定下一个点"，依次单击②③④⑤⑥⑦⑧处的端点，按"空格"键完成操作，如图 6.4 所示。此时 AutoCAD 自动计算了面积与周长，在命令行提示"区域 = 1295626.4907，周长 = 4303.0411"。

注意：计算面积与周长指定点时，要么沿顺时针单击点，要么沿逆时针单击点，不能跳跃单击点。

（2）选择对象法：直接输入面积命令 Area 并按"空格"键，命令行提示"指定第一个角点或 [对象(O)/增加面积(A)/减少面积(S)] <对象(O)>:"，输入 O 并按"空格"键，提示行提示"选择对象"，选择圆对象，则十字光标附近与命令行会同时给出面积与周长，"区域 ＝ 750898.3731，圆周长 ＝ 3071.8182"，如图 6.5 所示。"区域"指的是面积。

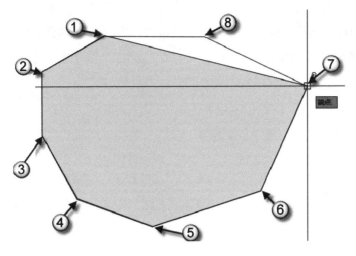

图 6.4　指定点法

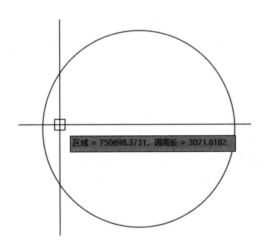

图 6.5　选择对象法

注意：指定点法与选择对象法相比，选择对象法操作要简单一些，只用选择对象就能得到结果，而指定点法则需要一个点一个点地按顺序去单击。但是，不是所有的对象都可以使用选择对象法去测量面积。只有当要测量面积的图形是一个对象时（如一个圆、一个矩形、一个闭合的多段线等），才能使用选择对象法去测量面积。

6.2　查　询

本节将介绍"列表显示""点坐标""计算器"三个查询命令。

6.2.1 列表显示

打开学习卡片 V04，可以看到里面有 3 个对象，直线（图中①处）、圆（图中②处）、矩形（图中③处），如图 6.6 所示。

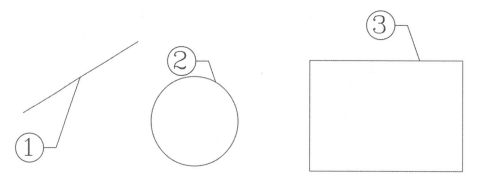

图 6.6 三个对象

直接输入列表显示命令 List（缩写 LI，不区分大小写）并按"空格"键，命令行提示"选择对象"，选择①处的直线会弹出一个"AutoCAD 文本窗口"对话框。使用同样的命令与方法选择②③两个对象。在弹出的"AutoCAD 文本窗口"对话框中的①②③处的信息分别对应①②③的对象，如图 6.7 所示。

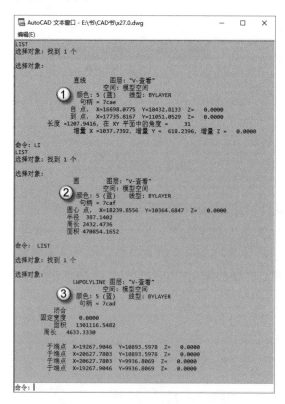

图 6.7 文本窗口

注意：随着所选择的对象不同，弹出的"AutoCAD 文本窗口"中的显示信息也不同。

6.2.2　点坐标

打开学习卡片 V02，这里要求查询 A、B、C 三个点的点坐标，如图 6.8 所示。

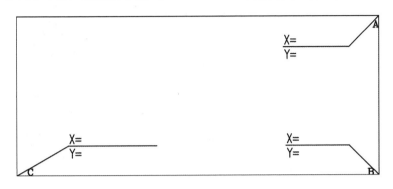

图 6.8　待查询坐标的点

直接输入点坐标命令 ID（不区分大小写）并按"空格"键，命令行提示"指定点"，单击 A 点（端点的对象捕捉），则在十字光标附近与命令行会同时给出这个点的点坐标"X = 12145.0257　Y = 11645.6270　Z = 0.0000"，如图 6.9 所示。

注意：因为一直是在平面中绘图，所以查询的点坐标中 Z=0。

使用同样的方法可以查询 B、C 两个点的点坐标。

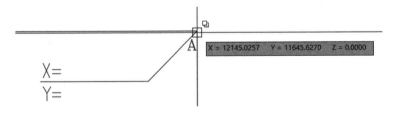

图 6.9　查询 A 点的点坐标

6.2.3　调用计算器

Windows 中自带计算器。用 AutoCAD 绘图时，如果使用 Windows 自带的计算器，需要在二者之间来回切换，影响工作效率。这时，调用 AutoCAD 中的快速计算器便显得方便得多。

直接输入快速计算器命令 QuickCalc（缩写 QC，不区分大小写）并按"空格"键，将弹出"快速计算器"对话框，可以看到在默认情况下只展开了"数字键区"卷展栏（图中①处），而"科学"卷展栏（图中②处）、"单位转换"卷展栏（图中③处）、"变量"卷展栏

（图中④处）是收起的，如图 6.10 所示。

设计人员可以根据自己的需要展开相应的卷展栏。"快速计算器"中的所有卷展栏展开之后如图 6.11 所示。

⌂**注意：** 计算器还可以使用透明命令的方法来操作，相关内容在本书后面会介绍到。

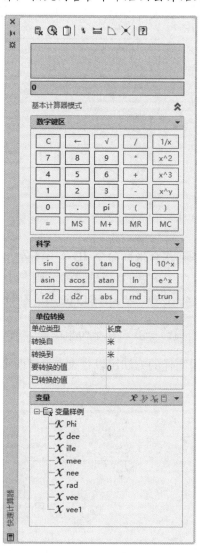

图 6.10　快速计算器　　　　　　　　　　图 6.11　展开所有的卷展栏

第 7 章　高级编辑操作

本章将介绍一些复杂的编辑类命令。

7.1　对　象　特　性

在大多数情况下，当运行编辑命令时，应先发出命令，再选择对象。但在本节的操作中，会出现先选择对象再发出命令的情况。请读者注意。

7.1.1　"特性"面板

打开学习卡片 E37，可以看到里面有三个对象：正六边形（图中①处），圆形（图中②处），圆弧（图中③处），如图 7.1 所示。

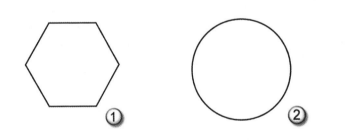

图 7.1　三个对象

选择图 7.1 中①处的正六边形，按 Ctrl+1 快捷键，会弹出"特性"面板，显示这个对象是"多段线"（图中④处），AutoCAD 把正多边形归类为多段线，"常规"卷展栏（图中⑤处）显示正六边形对象的常规特性，大多数图形对象都有这些特性（共性），"几何图形"卷展栏（图中⑥处）显示正六边形对象特有的特性（个性），如图 7.2 所示。选择图 7.1 中②处的圆，按 Ctrl+1 快捷键，会弹出"特性"面板，显示这个对象是"圆"（图中④处），"常规"卷展栏（图中⑤处）显示圆对象的常规特性，"几何图形"卷展栏（图中⑥处）显示圆对象特有的特性（个性），如图 7.3 所示。选择图 7.1 中③处的圆弧，按 Ctrl+1 快捷键，会弹出"特性"面板，显示这个对象是"圆弧"（图中④处），"常规"卷展栏（图中⑤处）显示圆弧对象的常规特性，"几何图形"卷展栏（图中⑥处）显示圆弧对象特有的特性（个性），如图 7.4 所示。

通过"特性"面板可以查看对象的特性，也可以更改对象的特性。

注意：启动"特性"面板，可以使用 Ctrl+1 快捷键，也可以直接输入命令 Properties（缩写 PR 或 CH，不区分大小写）。

图 7.2　正六边形对象的"特性"

图 7.3　圆的"特性"

图 7.4　圆弧的"特性"

7.1.2　特性匹配

特性匹配的作用与文字处理软件 Word 中的"格式刷"类似。利用该方法，可以将一个对象上的某些特性刷到另外的对象上。打开学习卡片 E38，可以看到里面有三个对象，如图 7.5 所示。三个对象的特性见表 7.1。①处的矩形为源对象，把其特性赋予另外两个对象。

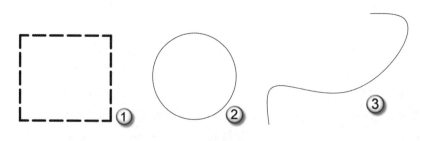

图 7.5　三个对象

表 7.1　三个对象的特性

编　号	对　象	线　型	线　宽
①	矩形	虚线	宽
②	圆	连续线	细
③	样条曲线	连续线	细

直接输入特性匹配命令 MatchProp（缩写 MA，不区分大小写）并按"空格"键，命令行提示"选择源对象"，单击①处的矩形对象为源对象，命令行提示"选择目标对象"，且光标附近出现一把刷子 ，这表明将特性刷到目标对象上，依次选择②③处的对象，操作完成之后，如图 7.6 所示。可以看到，操作这个命令后，①处对象的特性被刷到②③对象上了。

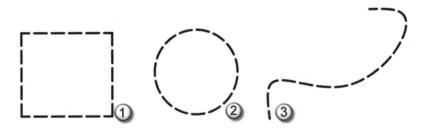

图 7.6　特性匹配后的对象

7.1.3　夹点

AutoCAD 规定每个对象都有若干个几何特征点，直接编辑这些特征点方便改变图形的位置、大小和形状，这些几何特征点称为"夹点"。在等待命令模式下，直接单击图形对象，对象上会出现一系列的点，这些点就是"夹点"。

打开学习卡片 E31，本节操作都基于该卡片完成。

1. 中心夹点与边界夹点

有些几何图形对象有两类夹点：中心夹点（图中①处）和边界夹点（图中②处）。这里以圆和直线为例，如图 7.7 所示。

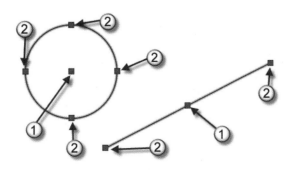

图 7.7　两种类型的夹点

编辑中心夹点是移动功能，如图 7.8、图 7.9 所示。注意，笔者认为命令行提示"拉伸"字样有误，是翻译的问题，应该是"移动"。

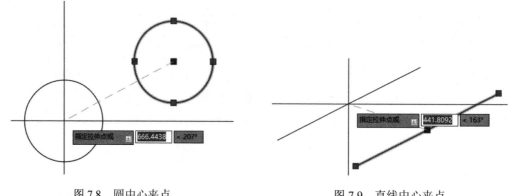

图 7.8　圆中心夹点　　　　　　　　　　　　图 7.9　直线中心夹点

编辑边界夹点是"拉伸"功能，如图 7.10、图 7.11 所示。

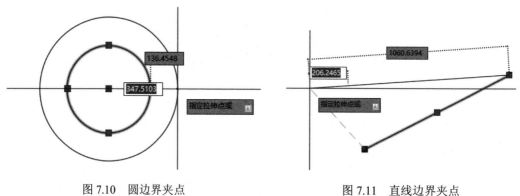

图 7.10　圆边界夹点　　　　　　　　　　　图 7.11　直线边界夹点

2．按Ctrl键的操作

单击矩形对象中一个夹点，命令行提示"拉伸"，这表明此时编辑夹点使用的是"拉伸"功能，如图 7.12 所示。按下键盘的 Ctrl 键，命令行提示"添加顶点"，十字光标附近也会出现"+"号（图中箭头处），这表明此时编辑夹点使用的是"添加顶点"功能，如图 7.13 所示。再次按下键盘的 Ctrl 键，命令行提示"删除顶点"，十字光标附近也会出现"–"号（图中箭头处），这表明此时编辑夹点使用的是"删除顶点"功能，如图 7.14 所示。

图 7.12　拉伸　　　　　　　　图 7.13　添加顶点　　　　　　　图 7.14　删除顶点

激活夹点后，按 Ctrl 键会在拉伸、添加顶点、删除顶点这三个夹点功能间来回切换。

3．按住Shift键选择夹点

在等待命令模式下单击选择这条多段线，多段线上出现一系列夹点，按住 Shift 键依次单击选择图中①②③④四个夹点，如图 7.15 所示。

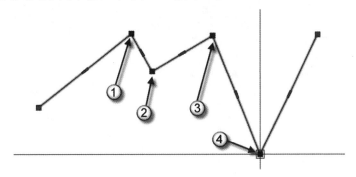

图 7.15　选择夹点

然后拖曳夹点以拉伸对象，如图 7.16 所示。

想拉伸多个夹点，需要按住 Shift 键去选择夹点，然后对这多个夹点进行拉伸。

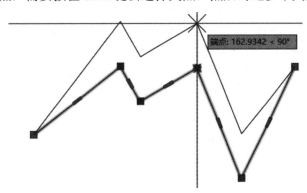

图 7.16　拉伸对象

4．按"空格"键切换操作模式

在激活夹点之后，可以按一次"空格"键切换一次模式，依次可以切换拉伸、移动、旋转、缩放和镜像这 5 种模式。

7.2　编辑多段线与分解对象

多段线的编辑有多种不同的操作，但常用的就两种：一种是把几个单一对象合并成一条多段线，另一种是更改多段线的宽度。

7.2.1　编辑多段线

打开学习卡片 E32，本节的操作都基于该卡片完成。

（1）合并对象。卡片 E32 里有两条直线（图中①②处）和一条圆弧（图中③处），虽然这三个对象首尾相接，但不是一个对象，而是三个对象，如图 7.17 所示。现在使用"编辑多段线"命令将其合并成一个对象。

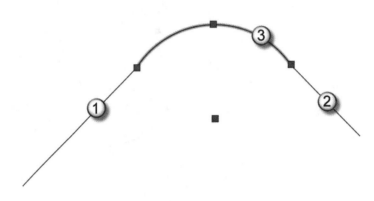

图 7.17　三个对象

直接输入编辑多段线命令 PEdit（缩写 PE，不区分大小写）并按"空格"键，命令行提示"选择多段线或 [多条(M)]:"，输入 M 并按"空格"键，命令行提示"选择对象"，选择两条直线和一条圆弧共三个对象并按"空格"键，命令行提示"是否将直线、圆弧和样条曲线转换为多段线？[是(Y)/否(N)]? <Y>"，按"空格"键确认，命令行提示"输入选项 [闭合(C)/打开(O)/合并(J)/宽度(W)/拟合(F)/样条曲线(S)/非曲线化(D)/线型生成(L)/反转(R)/放弃(U)]:"，输入 J 并按"空格"键，命令行提示"输入模糊距离或 [合并类型(J)] <0.0000>:"，直接按"空格"键确认，命令行提示"多段线已增加 2 条线段"，这表明已经操作成功，如图 7.18 所示。

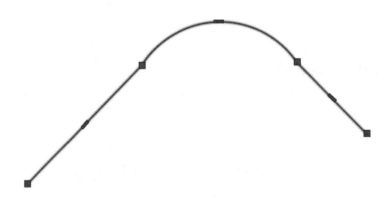

图 7.18　合并成一个对象

（2）调整宽度。将图 7.19 所示的多段线加粗。直接输入编辑多段线命令 PEdit（缩写 PE，不区分大小写）并按"空格"键，命令行提示"选择多段线或 [多条(M)]:"，选择这条多段线，命令行提示"输入选项 [闭合(C)/打开(O)/合并(J)/宽度(W)/拟合(F)/样条曲线(S)/非曲线化(D)/线型生成(L)/反转(R)/放弃(U)]:"，输入 W 并按"空格"键，命令行提示"指定所有线段的新宽度:"，输入 50 并按"空格"键，可以看到多段线加粗了，如图 7.20

所示。

图 7.19　待加粗的多段线　　　　　图 7.20　加粗后的多段线

🔔注意：根据工程制图的要求，有些图形需要用细线表示，而有些图形需要用粗线表示。
　　　　对线进行加粗，可以使用"编辑多段线"中的"宽度"功能，但是，要加粗多少
　　　　宽度，需要根据出图的比例来计算，比例问题在本书后面会详细介绍。

7.2.2　分解对象

如果说"编辑多段线"中的"合并"功能是将几个对象合并成一个对象，那么"分解"
命令就是将一个对象分解成几个对象。打开学习卡片 E39，本节的全部操作都基于此卡片
完成。

不是所有的对象都可以分解。在 AutoCAD 中，常见可以分解的对象有多段线（图中
①处）、矩形（图中②处）、正多边形（图中③处）、图块（图中④处），如图 7.21 所示。

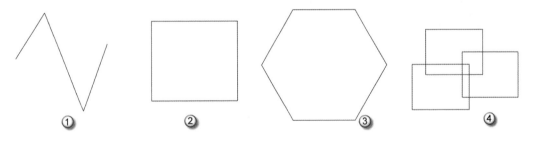

①　　　　　　　②　　　　　　　③　　　　　　　④

图 7.21　待分解的对象

直接输入分解命令 Explode（缩写 X，不区分大小写）并按"空格"键，命令行提示
"选择对象"，选择需要分解的对象即可。

7.3　编辑对象的操作

本节主要介绍编辑多线、编辑样条曲线、编辑填充图案、显示顺序等几种编辑命令的
操作。

7.3.1　编辑多线

打开学习卡片 E40，本节全部操作都基于该卡片完成。此处有 6 条待编辑的多线，①②为一组，用"十字合并"组合。③④为一组，用"T 形合并"组合。⑤⑥为一组，用"角点结合"组合，如图 7.22 所示。

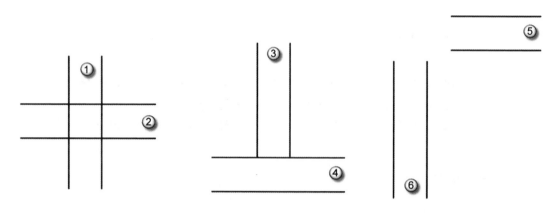

图 7.22　待编辑的多线

直接输入编辑多线命令 MLedit（不区分大小写）并按"空格"键，在弹出的"多线编辑工具"对话框中单击"十字合并"按钮，依次选择①②两条多线。按"空格"键重复上一步操作，在弹出的"多线编辑工具"对话框中单击"T 形合并"按钮，依次选择③④两条多线。按"空格"键重复上一步操作，在弹出的"多线编辑工具"对话框中单击"角点结合"按钮，依次选择⑤⑥两条多线，如图 7.23 所示。操作完成后，如图 7.24 所示。

图 7.23　多线编辑工具

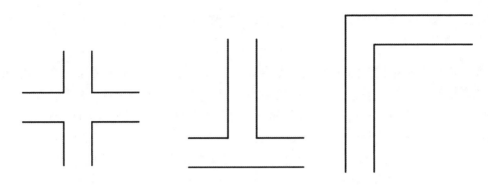

图 7.24 编辑好的多线

7.3.2 创建与编辑样条曲线

打开学习卡片 E41，本节全部操作都基于该卡片完成。

直接输入样条曲线命令 Spline（缩写 SPL，不区分大小写）并按"空格"键，命令行提示"指定第一个点"，单击①处的交点，命令行提示"指定下一个点"，单击②处的交点，命令行提示"指定下一个点"，单击③处的交点，命令行提示"指定下一个点"，单击④处的交点，命令行提示"指定下一个点"，单击⑤处的交点，如图 7.25 所示。操作完成之后，如图 7.26 所示。

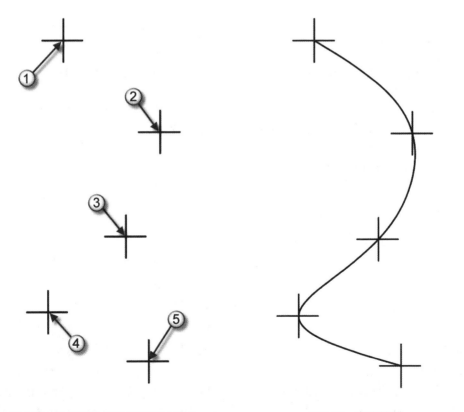

图 7.25 绘制样条曲线需要通过的点　　　　　　　　图 7.26 完成绘制

🔔注意：在绘制样条曲线时应该关闭"正交"模式。因为打开"正交"模式无法绘制出平滑的曲线。

图 7.27 中有两条样条曲线，现在将其合并成一条。直接输入编辑样条曲线命令 SplinEdit 并按"空格"键，命令行提示"选择样条曲线"，选择①处的样条曲线，命令行提示"输入选项 [闭合(C)/合并(J)/拟合数据(F)/编辑顶点(E)/转换为多段线(P)/反转(R)/放弃(U)/退出(X)] <退出>:"，输入 J 并按"空格"键，命令行提示"选择要合并到源的任何开放曲线:"，选择②处的样条曲线，命令行提示"已将 1 个对象合并到源。输入选项 [闭合(C)/合并(J)/拟合数据(F)/编辑顶点(E)/转换为多段线(P)/反转(R)/放弃(U)/退出(X)] <退出>:"，输入 X 并按"空格"键完成操作。合并后的对象成为一条样条曲线，如图 7.28 所示。

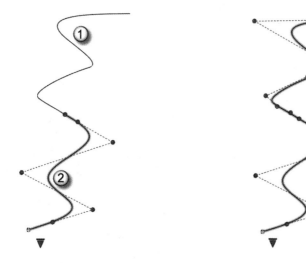

图 7.27　待合并的两条样条曲线　　　　图 7.28　合并后的样条曲线

编辑样条曲线还可以进行"编辑顶点（E）"的操作，主要是增加顶点与删除顶点。由于篇幅所限，这里不再赘述，读者可以根据命令行的提示自行完成。

7.3.3　填充图案并编辑

直接输入图案填充命令 Hatch（缩写 H，不区分大小写）并按"空格"键，会弹出"图案填充和渐变色"对话框，如图 7.29 所示。

- "图案"栏：①处是填充图案列表。单击▇按钮（图中②处），会弹出"填充图案选项板"对话框（图中③处），在这里可以选择相应的填充图案。
- "颜色"栏：（图中④处）可以选择填充图案的颜色。
- "样例"栏：（图中⑤处）可以预览填充图案。
- "比例"栏：（图中⑥处）可以设置填充图案的比例，即图案的稀疏与密集。
- "添加：拾取点"按钮（图中⑦处）：单击空白处，AutoCAD 自动计算填充的边界。
- "添加：选择对象"按钮（图中⑧处）：选择一个闭合的线形对象作为填充的边界。
- "关联"复选框（图中⑨处）：勾选这个复选框后，填充图案将与其边界关联，调整边界样式，填充图案随之关联变化。

- "创建独立的图案填充"复选框（图中⑩处）：勾选这个复选框后，可一次性选择多个边界进行图案填充，形成的填充图案是一个对象。

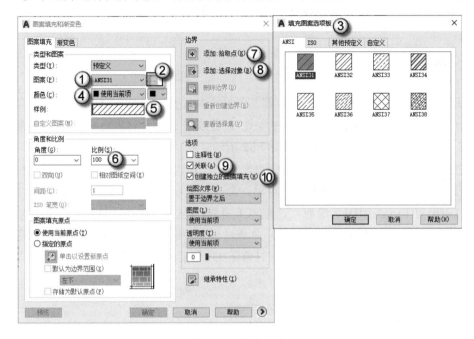

图 7.29　图案填充

关联图案填充。直接输入选项命令 Options（缩写 OP，不区分大小写）并按"空格"键，在弹出的"选项"对话框中选择"选择集"选项板，勾选"关联图案填充"复选框，单击"确定"按钮，如图 7.30 所示。勾选这个复选框之后，删除填充图案也会关联删除填充图案的边界。

图 7.30　关联图案填充

编辑填充图案。如果想对已有的填充图案进行编辑修改，可以直接输入编辑填充图案命令 HatchEdit（缩写 HE，不区分大小写），命令行提示"选择图案填充对象"，选择需要编辑修改的填充图案会弹出"图案填充和渐变色"对话框，这个对话框中的相应操作在本节前面已经介绍过，此处不再赘述。

7.3.4 显示顺序

打开学习卡片 E33，本节全部操作都基于此卡片完成。卡片 E33 中有三个对象，点画线对象（图中①处），连续线对象（图中②处），虚线对象（图中③处）。这三个对象分开时如图 7.31 所示。这三个对象重合时如图 7.32 所示。

直接输入显示顺序填充命令 DrawOrder（缩写 DR，不区分大小写）并按"空格"键，命令行提示"选择对象"，选择①处的对象，命令行提示"输入对象排序选项 [对象上(A)/对象下(U)/最前(F)/最后(B)] <最后>"，输入 F 并按"空格"键，这样就把点画线对象置为最前了。按"空格"键重复上一步操作，命令行提示"选择对象"，选择③处的对象，命令行提示"输入对象排序选项 [对象上(A)/对象下(U)/最前(F)/最后(B)] <最后>"，输入 F 并按"空格"键，这样就把虚线对象置为最前了。

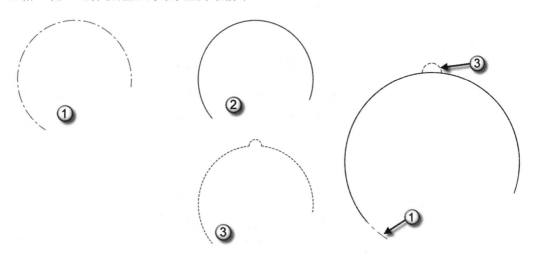

图 7.31　三个对象分开　　　　　　　　图 7.32　三个对象重合

在使用 AutoCAD 绘图时，经常会出现一个对象把另一个对象覆盖的情况，这时便可以使用"显示顺序"命令来调整对象的上下关系。

第 8 章 设置比例与监视器

本章介绍正式绘图前的两项准备工作：比例与监视器。

8.1 设置比例

不论手工绘图还是计算机制图，都需要考虑比例问题。

在 AutoCAD 中，要设置两种类型的比例：注释性比例与出图比例。

8.1.1 比例的概念

设计是一个抽象的过程，需要将实物抽象到图纸上。这时，绘图人员就需要考虑一个问题：实物多大？实物在图纸上多大？解决这个问题便需要用到比例。比例=实物在图纸上的大小/实物的大小。

绘图人员还需要考虑一个问题：图纸上面有文字，但是实物没有文字。这个文字的大小怎么确定？不论图纸比例怎么变，字体的大小（一般用字高去控制字体的大小）保持不变。常用的有 7 号字（字高 7mm）、5 号字（字高 5mm）、3 号字（字高 3.5mm）。在工程制图中，具体采用几号字请读者朋友参看相应的规范。总之，无论图纸比例怎么变，在图纸上的字体大小按照 3 号字、5 号字、7 号字的要求，字高是不变的，要变的是图形的大小。

8.1.2 两个空间

AutoCAD 的绘图空间有两个：模型空间与图纸空间（又叫作布局空间）。

在"模型空间"中绘图，按照 1∶1 的绘图比例绘制，即实物多大，在"模型空间"中就画多大。出图时需要多少比例的图，就设置多少出图的比例。正是因为有"模型空间"这个概念，AutoCAD 绘图不同于手工绘图，手工绘图需要考虑绘图比例，而 AutoCAD 则不需要（"模型空间"中绘图按照 1∶1 的比例绘制）。

所以，在模型空间中绘图，比例只针对两个类别的对象：文字和标注。标注中也有文字，这个比例就是后面介绍的"注释性比例"。

而在"图纸空间"中绘图则需要按照具体的出图比例绘制。如 200mm 厚的加气混凝土砌块在 1:100 的出图比例下，在"图纸空间"中的厚度就绘制 2mm。由于在"图纸空间"

中绘图的情况比较少，新版 AutoCAD 将其更名为"布局空间"，意思是在这个空间中只进行图纸的排版（绘图一般会在"模型空间"中完成）。

8.1.3　比例反推法与注释比例法

比例反推法与注释比例法这两种方法主要是针对文字与标注两大类对象的。

1．比例反推法

比例反推法相对用得较多，因为操作直接，好理解，但是却不方便调整与修改。

通过出图的比例计算出文字如果变成"实体"时的大小。如 3 号字，在出图比例为 1:100 时，模型空间中的字高应为 350mm。

比例反推法的设置方法：直接输入文字样式命令 Style（缩写 ST，不区分大小写）并按"空格"键，在弹出的"文字样式"对话框中的"高度"栏中输入 0，如图 8.1 所示。之后在每次输入文字时都要设置字高，字高通过出图比例反推得到。

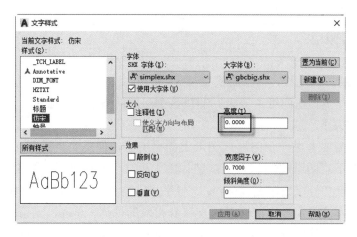

图 8.1　比例反推法中的高度设置

2．注释比例法

文字高度直接设置在图纸上，AutoCAD 通过注释性自动调整字体在模型空间中的高度。

注释比例法的设置方法：直接输入文字样式命令 Style 并按"空格"键，在弹出的"文字样式"对话框中勾选"注释性"复选框，在"图纸文字高度"栏中输入 3.5，如图 8.2 所示。之后在每次输入文字时不需要设置字高，AutoCAD 会通过注释比例自动计算字高。

🔔注意：在使用注释比例法时，文字样式至少要设置三个：3 号字、5 号字和 7 号字。在"图纸文字高度"栏中依次输入 3.5、5 和 7。

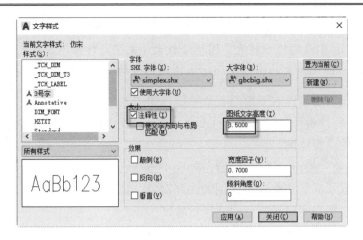

图 8.2　注释比例法中的设置

8.1.4　注释性比例

打开配套下载资源"注释性比例"DWG 文件，本节的所有操作都基于该卡片完成。可以看到 DWG 文件里面有两个 A4 大小的图框，一个出图比例为 1∶100（图中①处），一个出图比例为 1∶50（图中②处）。出图比例为 1∶100 的图框中有三行文件，分别是 3 号字（图中③处）、5 号字（图中④处）和 7 号字（图中⑤处）。出图比例为 1∶50 的图框中也有三行文件，分别是 3 号字（图中⑥处）、5 号字（图中⑦处）和 7 号字（图中⑧处），如图 8.3 所示。

1∶100 与 1∶50 在长度上相差 1/2，在面积上相差 1/4。

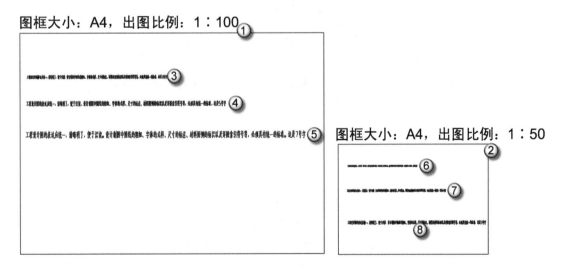

图 8.3　注释比例

注意：从比例上讲，1∶100 比 1∶50 要小。但是在这个模型空间的图上，1∶50 比 1∶100 要小。原因在于这两个框在模型空间中的大小不是实际大小，在输出到图纸上时，这两个框一样大（A4大小）。由于一样大，在出图时出图比例为1∶50的框会放大到和1∶100的框一样大，图形会放大（文字与标注不会放大）。这就是在模型空间中出图比例大的图框反而比出图比例小的图框小的原因。

操作注释比例需要设置右下角的三个按钮，如图8.4所示。

"当前视图注释比例"按钮（图中①处）：可以设置或切换模型空间当前的注释比例。

"显示注释对象"按钮（图中②处）：如果不激活这个按钮，模型空间只显示满足当前注释比例的注释对象。如果激活这个按钮，则模型空间显示所有的注释对象。

图8.4　注释比例中的三个按钮

"在注释比例发生变化时，将比例添加到注释对象"按钮（图中③处）：如果激活这个按钮，使用"当前视图注释比例"按钮设置了新的注释比例，则这个新注释比例会添加至模型空间所有的注释对象中。

下面以"注释性比例"DWG文件为例说明注释比例的使用方法。

选择"出图比例：1∶100"中的注释对象，此处选择的是7号字对象（图中①处），按Ctrl+1快捷键，在弹出的"特性"面板中可以看到其"注释性比例"为1∶100（图中②处），单击旁边的□按钮（图中③处），在弹出的"注释对象比例"对话框中的"对象比例列表"中可以看到对象的注释比例只有一个1∶100，如图8.5所示。

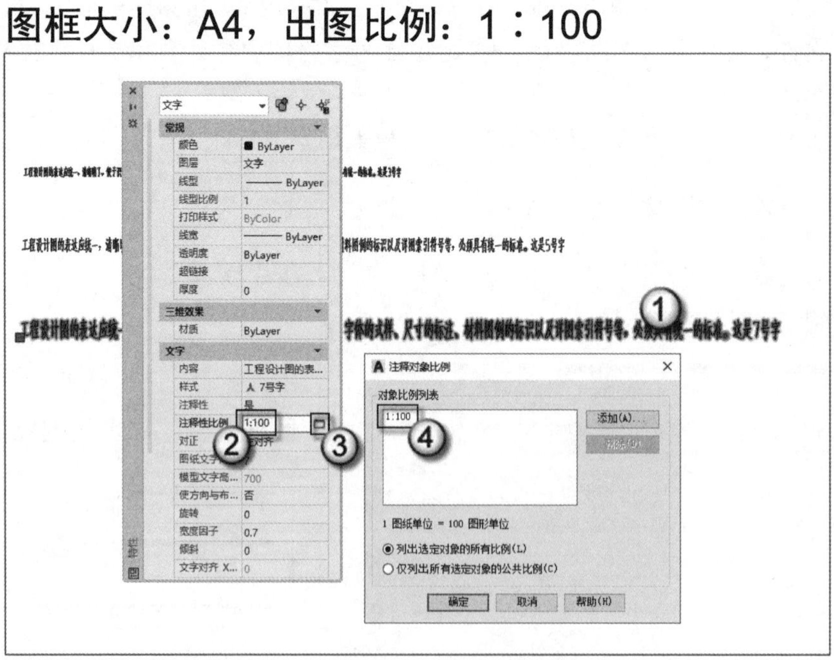

图框大小：A4，出图比例：1∶100

图8.5　只有一个1∶100的比例

选择"出图比例：1∶50"中的注释对象，此处选择的是7号字对象（图中①处），按Ctrl+1快捷键，在弹出的"特性"面板中可以看到其"注释性比例"为1∶50（图中②处），单击旁边的□按钮（图中③处），在弹出的"注释对象比例"对话框中的"对象比例列表"

中可以看到对象的注释比例只有一个 1∶50，如图 8.6 所示。

通过这两步操作，可以发现出图比例为 1∶100 的注释对象只有一个注释比例，即 1∶100。出图比例为 1∶50 的注释对象只有一个注释比例，即 1∶50。

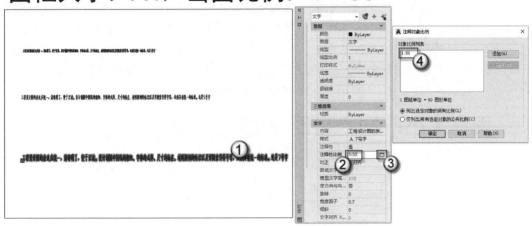

图 8.6　只有一个 1∶50 的比例

查看"当前视图注释比例"按钮，当前的比例是 1∶100。取消"显示注释对象" 按钮的激活，可以看到出图比例为 1∶50 的注释对象消失了，如图 8.7 所示。然后再激活"显示注释对象" 按钮，让所有的注释对象显示出来。

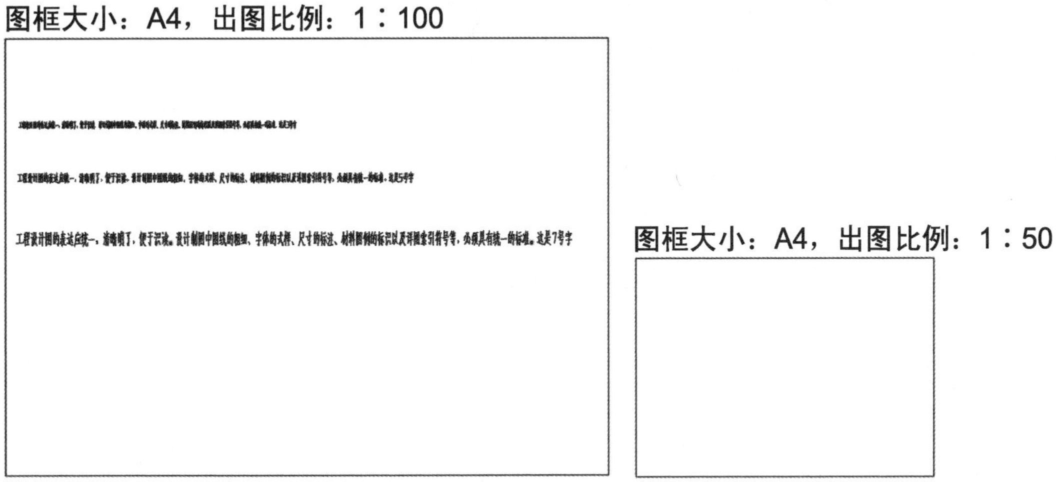

图 8.7　显示注释对象

激活"在注释比例发生变化时，将比例添加到注释对象" 按钮，并切换"当前视图注释比例"为 1∶50。此时"出图比例：1∶100"中的注释对象都变小了。选择"出图比例：1∶100"中的注释对象，此处选择的是 7 号字对象（图中①处），可以看到这个注释对象有一实一虚两种显示，按 Ctrl+1 快捷键，在弹出的"特性"面板中可以看到其"注释性比例"为 1：50（图中②处），单击旁边的 按钮（图中③处），在弹出的"注释对象比例"
对话框中的"对象比例列表"中可以看到对象的注释比例有两个，1：100 和 1：50，如图
8.8 所示。

注意：这样的操作改变了当前的注释比例，并将新的注释比例添加到了注释对象中。有
了新的注释比例，注释对象才能随着注释比例的变化而变大或缩小。此处注释比
例由 1：100 变成 1：50，注释对象相应变小了。这里被选择的注释对象有一虚一
实两种显示，实显对象是 1：50（偏小），虚显对象是 1：100（偏大）。在"注释
对象比例"对话框中有 1：100 和 1：50 两种比例时，注释对象才能在"当前视
图注释比例"1：100 与 1：50 之间来回切换并按比例在模型空间中缩放。

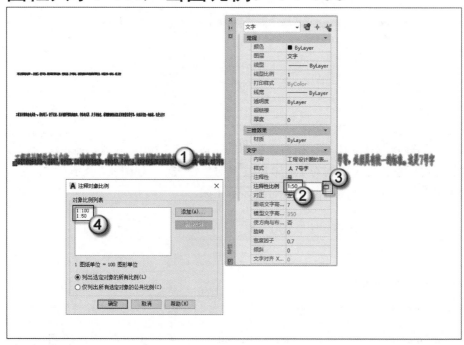

图 8.8　调整注释比例

　　保证"在注释比例发生变化时，将比例添加到注释对象" 按钮处于激活状态，切换
"当前视图注释比例"为 1：100。此时"出图比例：1：50"中的注释对象都变大了。选择
"出图比例：1：50"中的注释对象，此处选择的是 7 号字对象（图中①处），可以看到这个
注释对象有一实一虚两种显示，按 Ctrl+1 快捷键，在弹出的"特性"面板中，看到其"注
释性比例"为 1：100（图中②处），单击旁边的 按钮（图中③处），在弹出的"注释对象比
例"对话框中的"对象比例列表"中可以看到对象的注释比例有两个，即 1：100 和 1：50，
如图 8.9 所示。

注意：切换"当前视图注释比例"只会缩放注释性比例对象的大小，图形对象、非注释
性的文字对象、非注释性的标注对象是不会变化的。

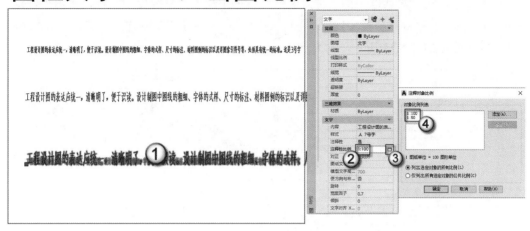

图 8.9　调整注释比例

8.1.5　文字样式

文字样式的新建也分为"注释比例法"与"比例反推法"两种。

1. 注释比例法

（1）新建"3 号字"文字样式。双击桌面 AutoCAD 图标启动一个空白的 DWG 文件。直接输入文字样式命令 Style 并按"空格"键，在弹出的"文字样式"对话框中单击"新建"按钮，在弹出的"新建文字样式"对话框中的"样式名"对话框中输入"3 号字"字样，单击"确定"按钮，在"SHX 字体"栏中切换至 gbenor.shx 字体，勾选"使用大字体"复选框，切换"大字体"栏为 gbcbig.shx 字体，在"大小"栏中勾选"注释性"复选框，在"图纸文字高度"栏中输入 3.5，在"宽度因子"栏中输入 0.7，单击"应用"按钮完成操作，如图 8.10 所示。

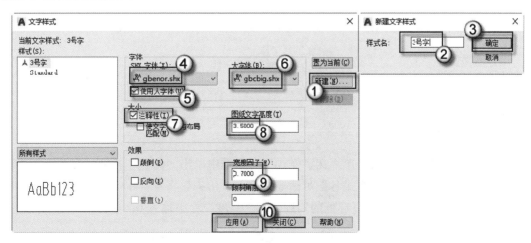

图 8.10　新建"3 号字"文字样式

（2）新建"5 号字"文字样式。在"文字样式"对话框中单击"新建"按钮，在弹出的"新建文字样式"对话框中的"样式名"对话框中输入"5 号字"字样，单击"确定"按钮，在"图纸文字高度"栏中输入 5，其余设置与"3 号字"文字样式一致，单击"应用"按钮完成操作，如图 8.11 所示。

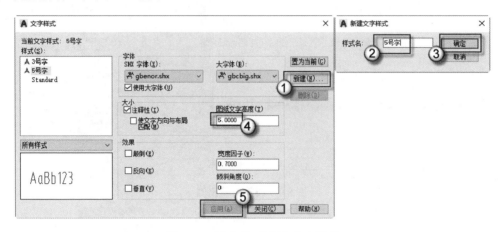

图 8.11　新建"5 号字"文字样式

（3）新建"7 号字"文字样式。在"文字样式"对话框中单击"新建"按钮，在弹出的"新建文字样式"对话框中的"样式名"对话框中输入"7 号字"字样，单击"确定"按钮，在"图纸文字高度"栏中输入 7，其余设置与"3 号字"文字样式一致，单击"应用"按钮完成操作，如图 8.12 所示。

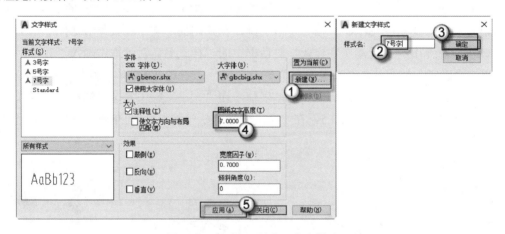

图 8.12　新建"7 号字"文字样式

2．比例反推法

新建"仿宋"文字样式。在"文字样式"对话框中单击"新建"按钮，在弹出的"新建文字样式"对话框中的"样式名"对话框中输入"仿宋"字样，单击"确定"按钮，在"大小"栏中去掉"注释性"复选框的勾选，在"高度"栏中输入 0，单击"确定"按钮完成操作，如图 8.13 所示。

采用"注释比例法"与"比例反推法"设置文字样式的对比详见表 8.1 所示。

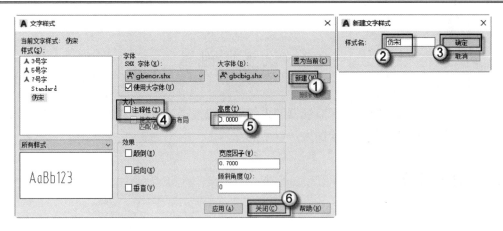

图 8.13　新建"仿宋"文字样式

表 8.1　"注释比例法"与"比例反推法"的比较

文字样式名	方法	SHX字体	大字体	注释性	高度/mm	宽度因子
3号字	注释比例法	gbenor.shx	gbcbig.shx	√	3.5	0.7
5号字	注释比例法	gbenor.shx	gbcbig.shx	√	5	0.7
7号字	注释比例法	gbenor.shx	gbcbig.shx	√	7	0.7
仿宋	比例反推法	gbenor.shx	gbcbig.shx		0	0.7

注意：在"比例反推法"中将文字的高度设置为 0 是因为每输入一次文字就要再指定一次文字的高度，而且这个高度要利用出图比例进行反推得到。"宽度因子"设置为 0.7 是因为工程制图中长仿宋字的形状要求。"SHX 字体"就是指非中文的阿拉伯数字与 26 个英文字母，"大字体"就是指中文字体。

另存为：选择"文件"|"另存为"命令，或者按 Ctrl+Shift+S 快捷键，在弹出的"图形另存为"对话框中的"文件名"栏中输入"文字样式"字样，单击"保存"按钮完成操作，如图 8.14 所示。这个"文字样式"DWG 文件在第 9 章中会使用到。

图 8.14　文件另存为

8.2 设置监视器

本节介绍两种监视器：注释监视器和系统变量监视器。监视器的作用可以理解为：当操作有变化时，监视器会提示绘图人员以引起注意。

8.2.1 注释监视器

注释监视器与注释比例、注释对象无关，而与标注的关联有关。

打开学习卡片 D07，本节的操作都基于该卡片完成。

当激活屏幕右下角的"注释监视器"＋按钮之后，与对象不相关联的尺寸标注旁边会出现一个感叹号。在图 8.15 中，有 4 个尺寸标注，①②③的尺寸标注与对象相关联，④的尺寸标注与对象不相关联。因此，在激活"注释监视器"按钮之后，④的尺寸标注旁边会出现一个感叹号（图中箭头所指处），表明这个尺寸标注与对象不相关联。

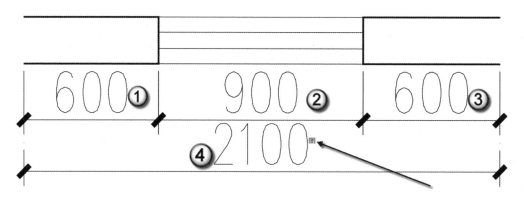

图 8.15 三个对象

所谓尺寸标注与对象相关联，是指调整对象的边界时，尺寸标注会随之关联变化。相关内容在尺寸标注一章中会详细地讲解。

8.2.2 系统变量监视器

绘图人员在使用 AutoCAD 绘图时，如果不知系统变量的当前设置，或者忽视系统变量的变化，很容易影响作图的效率。这时，便可以使用"系统变量监视器"来监视系统变量的变化。

需要监视的常用系统变量如表 8.2 所示。

表 8.2　常用的系统变量

系统变量	首选	功能
CopyMode	0	复制模式
DynMode	3	动态输入
MButtonPan	1	鼠标中键功能
MirrText	0	文字镜像的方向
DimAssoc	2	尺寸标注关联

直接输入系统变量监视器命令 SysvarMonitor（不区分大小写）并按"空格"键，在弹出的"系统变量监视"对话框中，勾选"当这些系统变量发生更改时通知"复选框，勾选"启用气泡式通知"复选框，单击"编辑列表"按钮，按照表 8.2 的内容输入，输入正确的"系统变量"栏与"首选"栏见图中④处，单击"确定"按钮完成操作，如图 8.16 所示。当其中的系统变量发生变化时，右下角会有气泡弹出，内容为"系统变量已更改"字样，以提醒设计人员系统变量有变化，如图 8.17 所示。

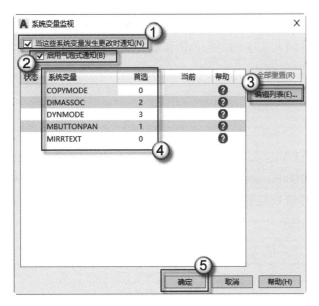

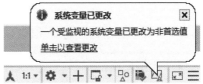

图 8.16　系统变量监视　　　　　　　　　　图 8.17　气泡提示

第 9 章　输入与编辑文字

文字的输入与编辑不是 AutoCAD 的强项。这方面的功能，AutoCAD 不如 Office 和 WPS。但是，在图纸中，需要文字与相应的图形结合起来才能表达设计人员的意图，所以，AutoCAD 的文字输入与编辑同样需要设计人员去学习。

9.1　输　入　文　字

AutoCAD 输入文字时有两个命令：单行文字与多行文字。所谓单行文字就是每次向图形中输入一行文字，这是最常用的一种输入文字的方法。所谓多行文字就是先定义一个矩形的区域，再向这个区域中输入一段文字。

9.1.1　输入单行文字

打开上一章制作好的"文字样式"DWG 文件，使用矩形命令 Rectang（简写为 Rec，不区分大小写）绘制一个 29700mm×21000mm 的矩形（这个矩形按 1∶100 的出图比例输出到图纸上，即 A4 大小）。本节的操作皆在此处进行，有了这个矩形，文字的大小就有了参照。

单行文字的输入分为"比例反推法"与"注释比例法"两种。

1．比例反推法

设置"仿宋"为当前文字样式。直接输入文字样式命令 Style（缩写 ST，不区分大小写）并按"空格"键，在弹出的"文字样式"对话框中，在"样式"栏中选择"仿宋"选项，单击"置为当前"按钮，单击"关闭"按钮完成操作，如图 9.1 所示。也可以在"样式"工具栏中直接切换"仿宋"为当前文字样式，如图 9.2 所示。

直接输入单行文字命令 DText（缩写 DT，不区分大小写）并按"空格"键，命令行提示"指定文字的起点"，单击屏幕空白处，命令行提示"指定文字高度："，输入 350 并按"空格"键（在出图比例为 1∶100 的情况下，模型空间 350 高的字输出到图纸上为 3.5mm），命令行提示"指定文字的旋转角度<0>："，直接按"空格"键即选择默认的 0 度，输入"工程字 ABC123"，按"空格"键换行，再输入"书写端正、排列整齐"，按两次"空格"键完成操作，如图 9.3 所示。向下滚动鼠标滚轮，缩小视图，可以看到刚输入的文字（图中①处）与图框（图中②处）的大小关系，如图 9.4 所示。

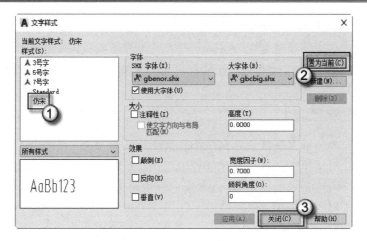

图 9.1　设置"仿宋"为当前文字样式

图 9.2　样式工具栏

图 9.3　单行文字

图 9.4　文字与图框的大小关系

注意：虽然命令的名称是"单行文字"，但也可以输入多行文字。但无论输入多少行，
文字大小、文字字体皆是一样。一行文字输入完之后，按一次"空格"键是换行，
接着可以输入第二行文字，连续按两次"空格"键才是结束这个命令。

2．注释比例法

设置"仿宋"为当前文字样式。直接输入文字样式命令 Style 并按"空格"键，在弹
出的"文字样式"对话框中，在"样式"栏中选择"3 号字"选项，单击"置为当前"按
钮，单击"关闭"按钮完成操作，如图 9.5 所示。也可以在"样式"工具栏中直接切换"3
号字"为当前文字样式，如图 9.6 所示。

"样式"栏中的"3 号字""5 号字""7 号字"皆是采用注释比例法的文字样式。此处
以"3 号字"为例说明单行文字的注释比例法的使用方法。

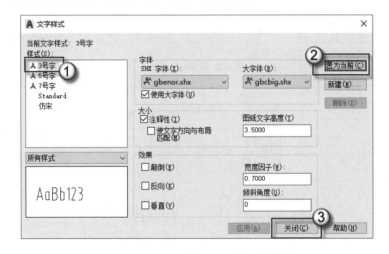

图 9.5　设置"仿宋"为当前文字样式

图 9.6　样式工具栏

直接输入单行文字命令 DText 并按"空格"键，在弹出的"选择注释比例"对话框中
设置注释比例为 1∶100，勾选"不再显示此消息"复选框，并单击"确定"按钮，如图 9.7
所示，命令行提示"指定文字的起点"，单击屏幕空白处，命令行提示"指定文字的旋转角
度<0>:"，直接按"空格"键即选择默认的 0 度，输入"粗细一致"，按"空格"键换行，
再输入"结构匀称"，按两次"空格"键完成操作，如图 9.8 所示。向下滚动鼠标滚轮缩小
视图，可以看到刚输入的文字（图中③处）与图框（图中②处）的大小关系，如图 9.9 所
示，图中①处的文字为前面用"比例反推法"输入的。

注意：图 9.7 所示的"选择注释比例"对话框的作用与右下角的"当前视图注释比例"
　　　 1:100 按钮的功能是一样的。

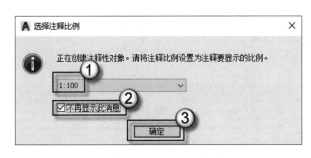

图 9.7　选择注释比例　　　　　　　　　　图 9.8　单行文字

图 9.9　文字与图框的大小关系

9.1.2　输入多行文字

继续使用"文字样式"DWG 文件。

直接输入多行文字命令 MText（缩写 T，不区分大小写）并按"空格"键，命令行提示"指定第一个角点"，单击屏幕空白处，命令行提示"指定对角点"，移动光标并单击屏幕空白处，用两个对角点的方式定义一个矩形区域，这个区域就是输入多行文字的区域。同时，在这个区域会弹出一个"文字格式"对话框，如图 9.10 所示。

❑ "样式"栏（图中①处）：这里的"样式"是使用"文字样式"命令设置的几种文字样式，相关内容在第 8 章中介绍过。

❑ "字体"栏（图中②处）：这里可以切换各种字体，可以使用 Windows 字体（TTF格式），也可以使用 AutoCAD 字体（SHX 格式）。

❑ "文字高度"栏（图中③处）：这里可以输入文字的高度。输入文字的高度有两种方法，"比例反推法"和"注释比例法"。以 3 号字为例，前者的"文字高度"是 350mm，后者的文字高度是 3.5mm。"多行文字"命令中没有勾选"注释性"的复选框，想要使用"注释比例法"输入文字可以在"文字样式"命令中设置，然后在"样式"栏中切换至"注释性"的文字样式。

图 9.10　多行文字

❑　"颜色"栏（图中④处）：可以设备文字的颜色。"多行文字"命令可以对其中的任何文字设置任意的颜色，而用"单行文字"命令一行文字只能设置一种颜色。

❑　"文字输入框"（图中⑤处）：在这里输入相应的多行文字。

可以在"文字输入框"里输入表 9.1 所示的文字，"样式"栏切换至"仿宋"，使用"比例反推法"输入多行文字。完成后如图 9.11 所示。向下滚动鼠标滚轮缩小视图，可以看到刚输入的文字（图中④处）与图框（图中②处）的大小关系，如图 9.12 所示，图中①③处的文字为前面一节用"单行文字"输入的。

表 9.1　输入多行文字

行　编　号	文　字　内　容	字　　体	文字高度/mm	颜　　色
1	100厚块石（表面平整）	宋体	350	红
2	1：2.5水泥砂浆灌缝	黑体	500	绿
3	30厚粗砂垫层	楷体	700	蓝
4	素土夯实	隶书	350	青

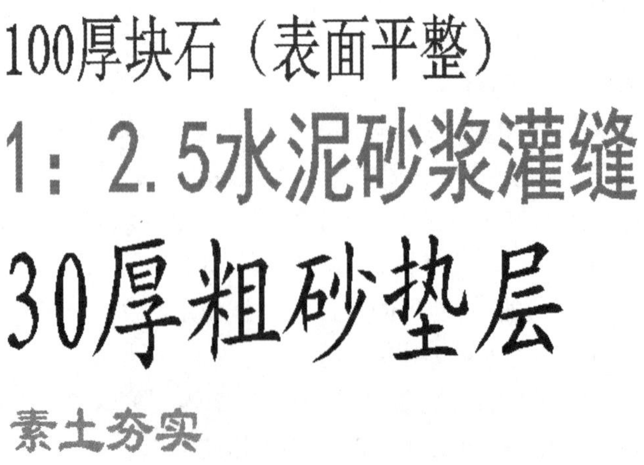

100厚块石（表面平整）

1：2.5水泥砂浆灌缝

30厚粗砂垫层

素土夯实

图 9.11　多行文字

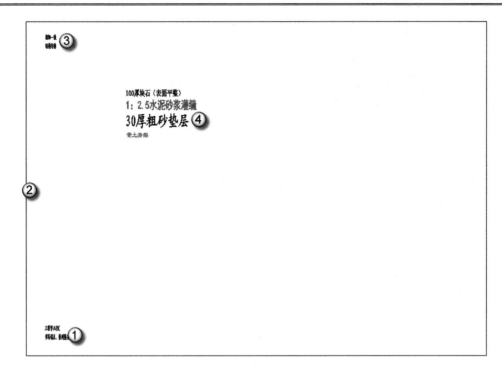

图 9.12　文字与图框的大小关系

9.2　特　殊　符　号

本节将继续使用"文字样式"DWG 文件来介绍两种特殊的文字输入方式。

9.2.1　控制码与特殊符号

所谓特殊符号，是指向图形中输入一些较为特殊的文字或符号，如直径符号Φ、公差符号（正负号）±、给文字添加下画线或上画线等。

输入特殊符号的方法并不难，按照上一节中输入文字的命令，当命令行提示"输入文字"时，按表 9.2 的方式输入相对应的控制码即可。在 AutoCAD 中，这些特殊符号的输入是使用控制码来代替的，控制码是两个百分号加一个字母。

表 9.2　控制码与特殊字符的代码

控　制　码	特　殊　符　号
%%O	上画线
%%U	下画线，如AAAAA
%%D	度符号，即°
%%P	公差符号（正负号），即±
%%C	直径符号，即Φ

例如，要在图形中输入如图 9.13 所示的文字。

圆柱体的外径为φ200±2

图 9.13　向图形中输入的文字和符号

可以看到，图 9.13 中的文字含有下画线、直径符号及公差符号。可以按上一节的方法输入文字命令，当命令行提示"输入文字"时，输入下列字符：

圆柱体的%%u 外径%%u 为%%c200%%p2。

上面的字符中，第一个%%u 表示开始在文字下加下画线，第二个%%u 表示结束文字的下画线，%%c 表示输入圆直径符号Φ，%%p 表示输入公差符号。

9.2.2　堆叠符号

堆叠是在多行文字中完成的，AutoCAD 有三种类型的堆叠：上下标堆叠、分数堆叠和斜分数堆叠。

（1）上下标堆叠：直接输入多行文字命令 MText（缩写 T，不区分大小写）并按"空格"键，命令行提示"指定第一个角点"，单击屏幕空白处，命令行提示"指定对角点"，移动光标并单击屏幕空白处，用两个对角点的方式定义一个矩形区域，在弹出的"文字格式"对话框的文字输入框中输入两行文字：H^2 与 O3^，如图 9.14 所示。选择^2 两个字符（图中①处），单击"堆叠" 按钮（图中②处），再选择 3^两个字符（图中③处），再单击"堆叠" 按钮（图中②处），如图 9.15 所示。完成上下标的堆叠操作，如图 9.16 所示。

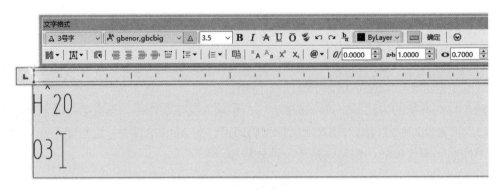

图 9.14　输入文字

（2）分数堆叠：直接输入多行文字命令 MText 并按"空格"键，命令行提示"指定第一个角点"，单击屏幕空白处，命令行提示"指定对角点"，移动光标并单击屏幕空白处，用两个对角点的方式定义一个矩形区域，在弹出的"文字格式"对话框的文字输入框中输入文字：aaaa/bbbbb。选择 aaaa/bbbbb 字符（图中①处），单击"堆叠" 按钮（图中②处），如图 9.17 所示。完成分数堆叠，如图 9.18 所示。

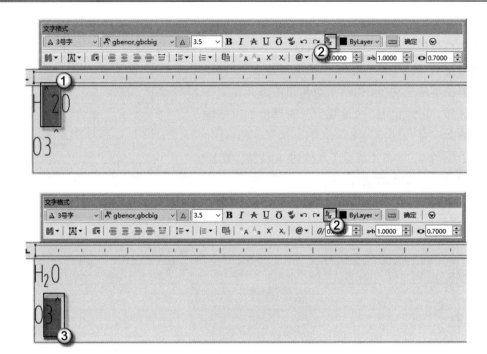

图 9.15　堆叠

图 9.16　上下标堆叠

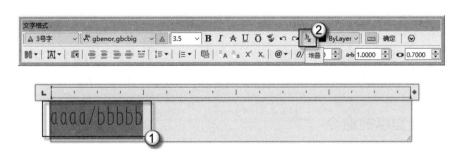

图 9.17　输入文字并准备堆叠

（3）斜分数堆叠：直接输入多行文字命令 MText 并按"空格"键，命令行提示"指定第一个角点"，单击屏幕空白处，命令行提示"指定对角点"，移动光标并单击屏幕空白处，用两个对角点的方式定义一个矩形区域，在弹出的"文字格式"对话框的文字输入框中输入文字：速度为 85KM#H。选择 KM#H 字符（图中①处），单击"堆叠" 按钮（图中②处），如图 9.19 所示。完成斜分数堆叠，如图 9.20 所示。

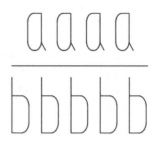

图 9.18　完成分数堆叠

图 9.19　输入文字并准备堆叠

图 9.20　完成斜分数堆叠

9.3　编 辑 文 字

本章前两节主要介绍的是如何输入文字，本节将介绍如何对已有的文字进行各类型的编辑。

9.3.1　编辑文字的命令

打开学习卡片 T04，本节全部操作都基于此卡片完成。可以看到卡片 T04 中有两组文字，多行文字（图中①处）和单行文字（图中②处），如图 9.21 所示。

直接输入编辑文字命令 TextEdit（缩写 ED，不区分大小写）并按"空格"键，命令行提示"选择注释对象"，选择多行文字，将弹出"文字格式"对话框，可以修改字体（图中①处），字高（图中②处），文字颜色（图中③处），文字内容（图中④处），如图 9.22 所示。

图 9.21 多行文字与单行文字

图 9.22 修改多行文字

直接输入编辑文字命令 TextEdit 并按"空格"键，命令行提示"选择注释对象"，选择单行文字，出现单行文字的编辑框，可以看到单行文字只能修改文字的内容，如图 9.23 所示。

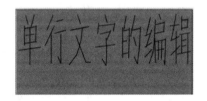

图 9.23 修改单行文字

注意：使用"编辑文字"命令时，命令行提示"选择注释对象"，这里的"注释对象"指文字与尺寸标注。使用这个命令还可以更改尺寸标注中的文字内容，这一内容在第 10 章中介绍。

编辑文字还可以使用"在位编辑"的方法，即直接双击文字对象。双击多行文字，会弹出"文字格式"对话框，在对话框中可进行编辑操作。双击单行文字，会出现文字编辑框。修改文字的方法与"编辑文字"命令一样。

9.3.2 使用"特性"面板编辑文字

本节操作还是在学习卡片 T04 中进行。使用"特性"面板可以编辑多行文字和单行文字。但是这个方法只能针对多行文字的整体进行编辑，而不能编辑每一个字的字高、字体、颜色等项目，所以，编辑多行文字还应采用上一节的方法。

使用"特性"面板主要是编辑单行文字。选择学习卡片中的单行文字，按 Ctrl+1 快捷键，将弹出"特性"面板。在这个面板的"文字"栏中可以修改文字的内容、样式、注释性、对正、高度、旋转、宽度因子、倾斜等项目，如图 9.24 所示。

图 9.24 "特性"面板

9.3.3 查找与替换

打开学习卡片 T05，本节全部操作都基于该卡片完成。可以看到卡片 T05 中绘制了一组柜子，分为吊柜（图中①处）与地柜（图中②处），每一块柜门都安装了把手（图中③处），把把手放大后（即把手的放大图），可以看到里面有"80 把手"字样（图中④处），如图 9.25 所示。

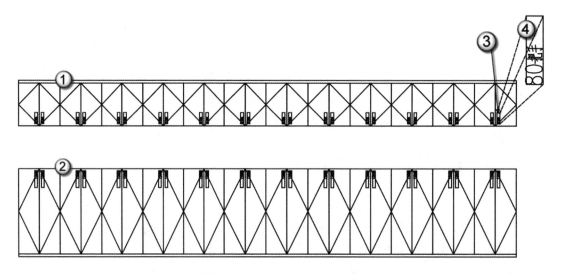

图 9.25 一组柜子

此处的操作要实现两个目的：

（1）文字替换，将"80 把手"改为"80 长把手"。

（2）统计所有把手的数量。

直接输入查找和替换命令 Find（不区分大小写）并按"空格"键，在弹出的"查找和替换"对话框中，在"查找内容"栏中输入"80 把手"字样，在"替换为"栏中输入"80 长把手"字样，在"查找位置"栏中选择"整个图形"选项，单击"全部替换"按钮，在弹出的新对话框中可以看到图中有 25 个匹配项，即有 25-1=24 个把手（因为有一个是把手的放大图），如图 9.26 所示。

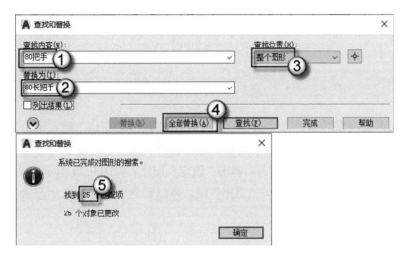

图 9.26　查找和替换

注意："查找位置"栏还可以切换至"选定的对象"选项（图中①处），然后再单击"选择对象"按钮（图中②处）去选择需要查找和替换的对象，如图 9.27 所示。

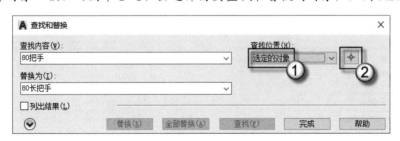

图 9.27　选定的对象

9.3.4　单行文字转为多行文字

"单行文字转多行文字"的命令是 TXT2MTXT（不区分大小写），作用是将几个单行文字转换成一个多行文字，以方便文字对象的管理。打开学习卡片 T06，可以看到这里有四个单行文字，如图 9.28 所示。本节的全部操作都基于此卡片完成。

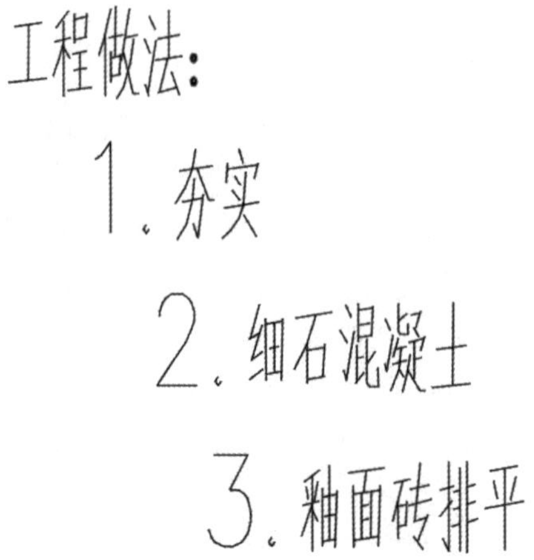

工程做法：

1.夯实

2.细石混凝土

3.釉面砖排平

图 9.28　四个单行文字

直接输入单行文字转多行文字命令 TXT2MTXT 并按"空格"键，命令行提示"选择对象或 [设置(SE)]"，输入 SE 并按"空格"键，在弹出的"文字转换为多行文字设置"对话框中去掉"文字自动换行"的勾选，单击"确定"按钮，如图 9.29 所示。命令行提示"选择对象"，选择这四个单行文字并按"空格"键，可以看到四个单行文字已合并成一个多行文字并对齐了，如图 9.30 所示。

工程做法：

1.夯实

2.细石混凝土

3.釉面砖排平

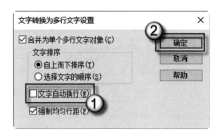

图 9.29　文字转换为多行文字设置 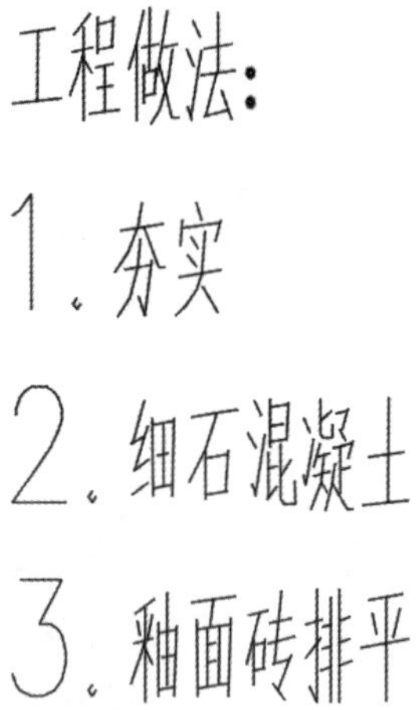 　　　　图 9.30　合并成一个多行文字

注意：将两个或多个单行文字合并成一个多行文字，主要目的是管理图形对象或文字对象。

第10章 尺 寸 标 注

尺寸标注是图形必不可少的组成部分，是生产的重要依据之一。所以，设计人员在绘图时，通常要向图形中添加尺寸来标注对象，最常用的是用尺寸标注来注明对象的距离和角度。

AutoCAD 提供了许多标注对象及设置标注格式的方法，可以在各个方向上为各类对象创建各种不同的尺寸标注，也可以方便快速地以一定格式创建符合行业或项目标准的标注。

10.1 设置标注样式

尺寸标注是一个复合对象，图 10.1 中的尺寸标注由四个子对象组成：尺寸界线（图中①处）、尺寸线（图中③处）、箭头（图中②处）和文字（图中④处）。可以用"分解"命令（缩写X）将标注对象分解，但一般情况下不要分解，因为其分解之后不方便编辑。

本节介绍两大类型的尺寸标注：机械类与建筑类。

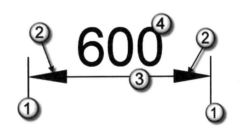

图 10.1 尺寸标注的组成

尺寸标注分为两种方法：比例反推法与注释比例法。

10.1.1 机械类标注样式

与建筑制图不同，机械制图的出图比例很多，所以机械类标注一般会采用"注释比例法"。

（1）设置文字样式。直接输入文字样式命令 Style（缩写 ST，不区分大小写）并按"空格"键，在弹出的"文字样式"对话框中单击"新建"按钮，在弹出的"新建文字样式"对话框中的"样式名"栏中输入"3 号字"字样并单击"确定"按钮，在"SHX 字体"栏中切换至 gbenor.shx 字体，勾选"使用大字体"复选框，在"大字体"栏中切换至 gbcbig.shx 字体，在"大小"栏中勾选"注释性"复选框，在"图纸文字高度"栏中输入 3.5，在"宽度因子"栏中输入 0.7，单击"应用"按钮，如图 10.2 所示。

（2）新建标注样式。直接输入标注样式命令 DimStyle（缩写 D，不区分大小写）并按

"空格"键，在弹出的"标注样式管理器"对话框中单击"新建"按钮，在弹出的"创建新标注样式"对话框中的"基础样式"栏中切换至 ISO-25 选项，勾选"注释性"复选框，在"新样式名"栏中输入"机械"字样，单击"继续"按钮，如图 10.3 所示。

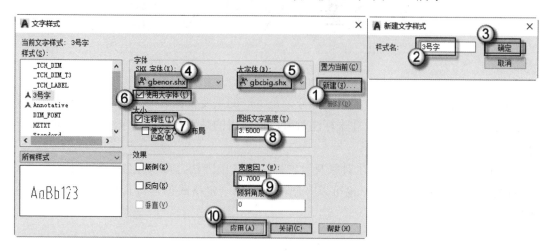

图 10.2　新建文字样式

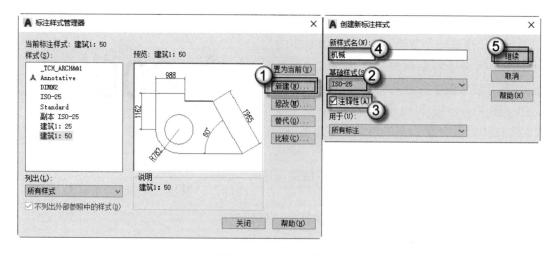

图 10.3　新建标注样式

（3）设置符号和箭头。在"修改标注样式：机械"对话框中，选择"符号和箭头"选项卡，在"第一个"栏中切换到"实心闭合"选项，在"第二个"栏中也切换到"实心闭合"选项，如图 10.4 所示。

（4）设置文字。选择"文字"选项卡，在"文字样式"栏中切换至"3 号字"选项，在"文字高度"栏输入 3.5，选择"主单位"选项卡，准备下一步操作，如图 10.5 所示。

（5）设置主单位。在"主单位"选项卡中的"精度"栏中切换至 0.0 选项（即保留小数点后一位），在预览栏中检查标注样式是否合理，如果检查无误，单击"确定"按钮完成操作，如图 10.6 所示。

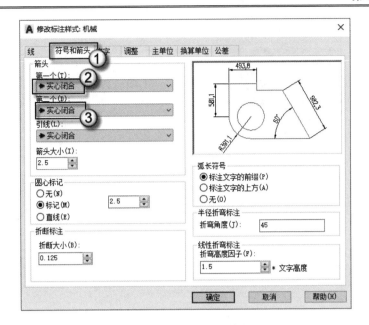

图 10.4　设置符号和箭头

图 10.5　设置文字

10.1.2　建筑类标注样式

机械制图的出图比例很多，这是因为机械零件有大有小。而建筑制图则不同，1∶100
为最常用比例，此外还有详图比例 1∶50、1∶25 等，比例类型并不多。

因此，建筑类的标注样式可以使用"比例反推法"与"注释比例法"两种方法。

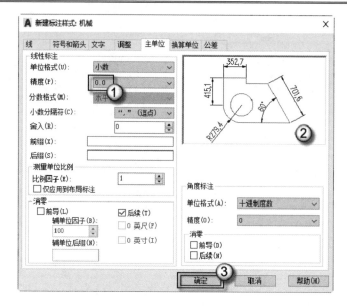

图 10.6　设置主单位

1. 比例反推法

（1）新建标注样式。直接输入标注样式命令 DimStyle（缩写 D，不区分大小写）并按"空格"键，在弹出的"标注样式管理器"对话框中，单击"新建"按钮，在弹出的"创建新标注样式"对话框中，在"基础样式"栏中切换至 ISO-25 选项，不勾选"注释性"复选框，在"新样式名"栏中输入"建筑 1∶100"字样，单击"继续"按钮，如图 10.7 所示。

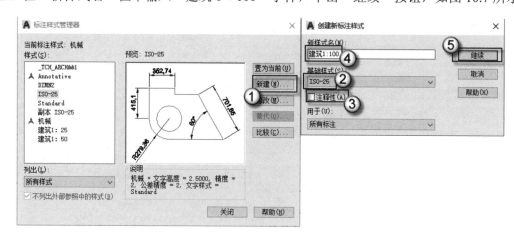

图 10.7　新建标注样式

🔔注意：在使用"比例反推法"新建标注样式时，一种比例（这里指的是出图比例）就是一种标注样式。所以，在"比例反推法"中的标注样式名一般是"建筑 1∶100""建筑 1∶50""建筑 1∶25"等。这样命名不仅直观，也方便标注样式的切换。

（2）设置线。在弹出的"新建标注样式：建筑 1∶100"对话框中，选择"线"选项卡，在"颜色"栏中切换至"绿"选项，在"线型"栏中切换至 Continuous 选项，在"尺寸界线 1 的线型"和"尺寸界线 2 的线型"栏中皆切换至 Continuous 选项，如图 10.8 所示。

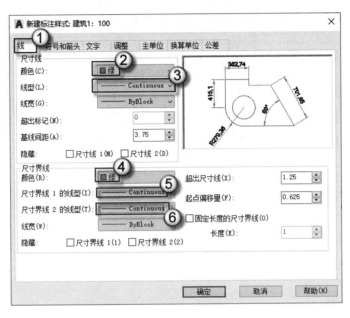

图 10.8　设置线

（3）设置符号和箭头。选择"符号和箭头"选项卡，在"第一个"栏中切换到"建筑标记"选项，在"第二个"栏中也切换到"建筑标记"选项，在"箭头大小"栏中输入 1，如图 10.9 所示。

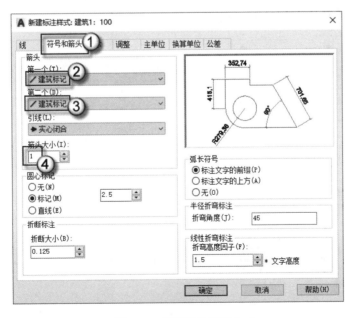

图 10.9　设置符号和箭头

⌂**注意**：建筑类与机械类尺寸标注在外观上的主要区别就是箭头。机械类标注的箭头是"实心闭合"，建筑类标注的箭头是"建筑标记"，即就是短斜线。

（4）设置文字。选择"文字"选项卡，在"文字样式"栏中切换至"3 号字"选项，在"文字颜色"栏中切换至"黑"色，在"文字高度"栏输入 3.5，如图 10.10 所示。

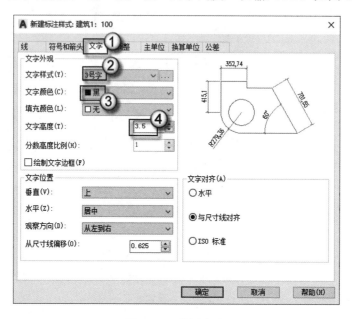

图 10.10　设置文字

（5）设置"调整"选项卡。选择"调整"选项卡，单击"文字始终保持在尺寸界线之间"单选按钮，单击"尺寸线上方，不带引线"单选按钮，单击"使用全局比例"单选按钮，并在比例输入框中输入 100（此处输入的 100 指的是 1∶100），如图 10.11 所示。

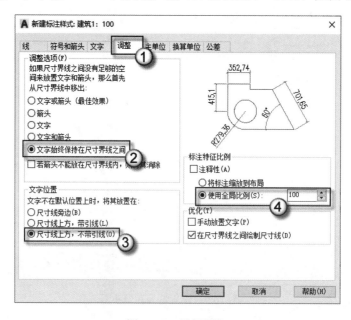

图 10.11　设置调整

注意：“建筑 1∶100”的标注样式，在比例输入框中输入 100。“建筑 1∶50”的标注样式，在比例输入框中输入 50。“建筑 1∶25”的标注样式，在比例输入框中输入 25。以此类推。

（6）设置主单位。在“主单位”选项卡中的“精度”栏中切换至 0 选项（建筑尺寸标注中是不带小数点的，即四舍五入到个位），在预览栏中检查标注样式是否合理，如果检查无误，单击“确定”按钮完成操作，如图 10.12 所示。

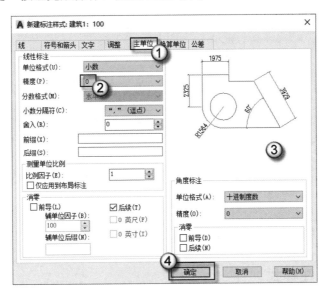

图 10.12　设置主单位

2．注释比例法

（1）新建标注样式。直接输入标注样式命令 DimStyle 并按“空格”键，在弹出的“标注样式管理器”对话框中单击“新建”按钮，在弹出的“创建新标注样式”对话框中的“基础样式”栏中切换至“副本 ISO-25”选项，勾选“注释性”复选框，在“新样式名”栏中输入“建筑”字样，单击“继续”按钮，如图 10.13 所示。

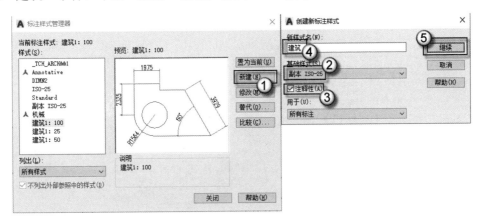

图 10.13　新建标注样式

（2）检查"调整"选项卡。单击"调整"选项卡可以看到"注释性"复选框是勾选的（这是因为新建标注样式时即上一步的操作中勾选了"注释性"复选框），如图 10.14 所示。

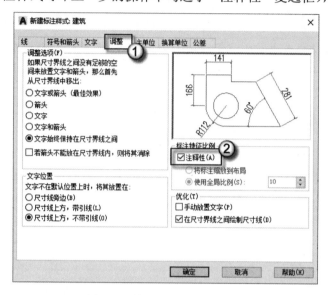

图 10.14　检查"调整"选项卡

其余的设置与"比例反推法"相同，此处不再赘述。

10.1.3　切换标注样式

新建了几种标注样式后，在标注时可能需要切换标注样式。切换标注样式有两种方法：命令法与工具栏法。

1．命令法

直接输入标注样式命令 DimStyle 并按"空格"键，在弹出的"标注样式管理器"对话框中的"样式"栏中选择需要使用的标注样式，如"机械"标注样式，单击"置为当前"按钮，再单击"关闭"按钮完成操作，如图 10.15 所示。

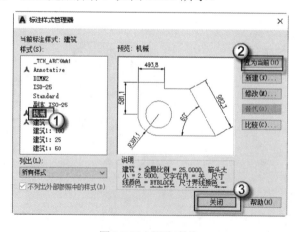

图 10.15　置为当前

2．工具栏法

在"样式"工具栏的"标注样式"下接列表中选择需要使用的标注样式，如"机械"标注样式，如图 10.16 所示。

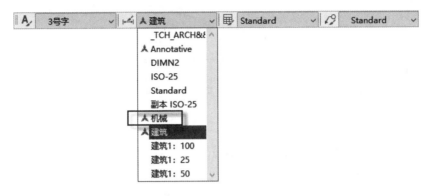

图 10.16　下拉列表的选择

10.2　直线类标注

本节介绍三种直线类的标注：线性标注、对齐标注和引线标注。

10.2.1　线性标注

所谓线性标注，可以简单地理解为标注出两点之间的水平尺寸或垂直尺寸。如图 10.17 所示的尺寸 D1 和 D2 就是直线 AB 的两个线性尺寸，其中 D1 是水平尺寸，D2 是垂直尺寸。

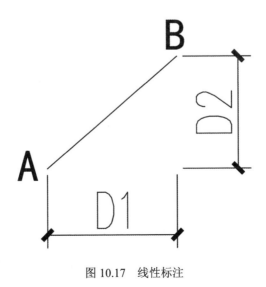

图 10.17　线性标注

打开学习卡片 D02，可以看到里面有两组对象，一组实线，一组虚线。实线这一组是水平放置的，虚线这一组的放置有一定的角度，如图 10.18 所示。

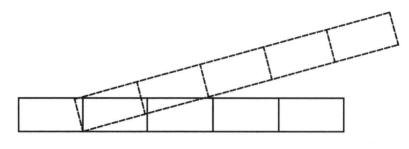

图 10.18　两组对象

直接输入线性标注命令 DimLinear（缩写 DLI，不区分大小写）并按"空格"键，命令行提示"指定第一尺寸界线原点"，单击①处的端点，命令行提示"指定第二条尺寸界线原点"，单击②处的端点，命令行提示"指定尺寸线位置"，向下移动光标并在适当位置单击，可出现数值为 600 的水平线性标注。按"空格"键重复"线性标注"命令，命令行提示"指定第一尺寸界线原点"，单击①处的端点，命令行提示"指定第二条尺寸界线原点"，单击③处的端点，命令行提示"指定尺寸线位置"，向左移动光标并在适当位置单击，可出现数值为 300 的垂直线性标注，如图 10.19 所示。

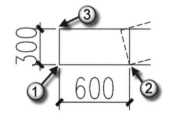

图 10.19　线性标注

10.2.2　对齐标注

所谓对齐标注，可以简单地理解为标注出两点之间的直线距离。如图 10.20 所示，D3 是线段 AB 的对齐标注尺寸，D1 与 D2 上一节已经介绍了，是线段 AB 的线性标注尺寸。

打开学习卡片 D02，针对虚线对象使用对齐标注进行尺寸标注。直接输入对齐标注命令 DimAligned（缩写 DAL，不区分大小写）并按"空格"键，命令行提示"指定第一尺寸界线原点"，单击①处的端点，命令行提示"指定第二条尺寸界线原点"，单击②处的端点，命令行提示"指定尺寸线位置"，向右下移动光标并在适当位置单击，可出现数值为 600 的对齐标注。按"空格"键重复"对齐标注"命令，命令行提示"指定第一尺寸界线原点"，单击②处的端点，命令行提示"指定第二条尺寸界线原点"，单击③处的端点，命令行提示"指定尺寸线位置"，向右上移动光标并在适当位置单击，可出现数值为 300 的对齐标注，如图 10.21 所示。

📖注意：　"线性标注"主要针对水平或垂直放置的对象，而"对齐标注"主要针对有一定角度放置的对象。

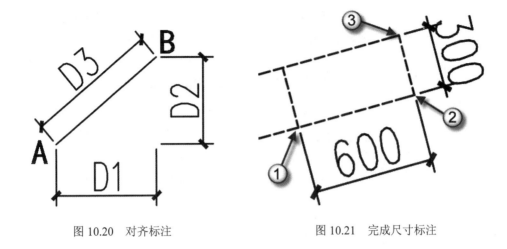

图 10.20　对齐标注　　　　　　　　图 10.21　完成尺寸标注

10.2.3　引线标注

所谓引线标注，是指向图形中创建引线和引线注释。引线标注由四个部分组成：箭头（图中①处）、引线（图中②处）、基线（图中③处）和文字（图中④处），如图 10.22 所示。

引线标注有两个命令：快速引线与多重引线。这两个命令大同小异，最大的区别就是"多重引线"命令可以自己定义文字高度，还可以使用"注释比例法"，而"快速引线"命令的文字高度是自动计算得来的。

打开学习卡片 D08，本节全部操作都基于此卡片完成。在卡片 D08 中，可以看到如图 10.23 所示的图形，现假定要在图形中孔的位置添加引线标注，标注的文字为"配钻"。

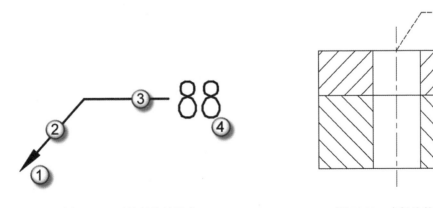

图 10.22　引线标注的组成　　　　　　图 10.23　未标注的图形

1．快速引线

直接输入快速引线命令 QLeader（缩写 LE，不区分大小写）并按"空格"键，命令行提示"指定基点"，单击①处的交点，命令行提示"指定下一个字"，单击②处的端点，命令行提示"指定下一个字"，单击③处的端点，命令行提示"指定文字宽度 <0>"，按"空格"键选择默认值 0（这里不是指文字实际宽度，而是指文字调整宽度），命令行提示"输入注释文字的第一行 <多行文字(M)>"，输入"配钻"并按"空格"键，命令行提示"输入注释文字的下一行"，再按"空格"键完成操作，如图 10.24 所示。

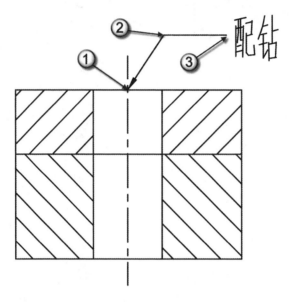

图 10.24　快速引线

2. 多重引线

将当前视图的注释比例改为 1∶100。直接输入设置多重引线命令 MLeaderStyle（缩写 MLS，不区分大小写）并按"空格"键，在弹出的"多重引线样式管理器"中单击"新建"按钮，在弹出的"创建新多重引线样式"对话框中的"新样式名"栏中输入"引线标注"字样，勾选"注释性"复选框，单击"继续"按钮，如图 10.25 所示。在弹出的"修改多重引线样式：引线标注"对话框中，选择"引线结构"选项卡，在"设置基线距离"栏中输入 2，勾选"比例"栏中"注释性"复选框，如图 10.26 所示。选择"内容"选项卡，在"文字样式"栏中切换至"仿宋"字体，在"文字高度"栏中输入 3.5，单击"确定"按钮完成操作，如图 10.27 所示。

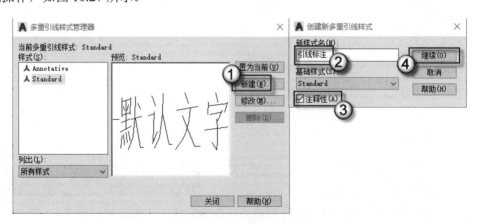

图 10.25　新建多重引线样式

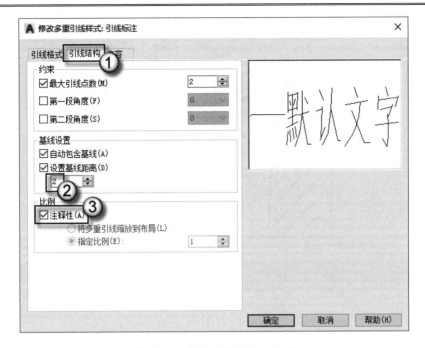

图 10.26　检查"注释性"选项

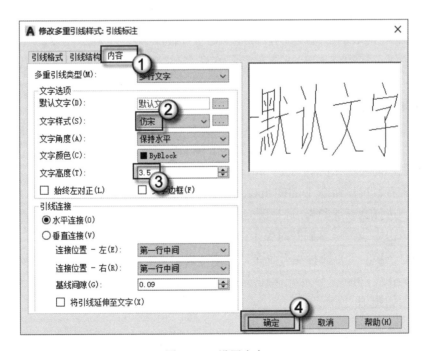

图 10.27　设置内容

直接输入多重引线命令 MLeader（缩写 MLD，不区分大小写）并按"空格"键，命令行提示"指定引线箭头的位置"，单击①处的交点，命令行提示"指定引线基线的位置"，单击②处的端点，在弹出的多行文本输入框中输入"配钻"字样，然后单击"确定"按钮完成操作，如图 10.28 所示。

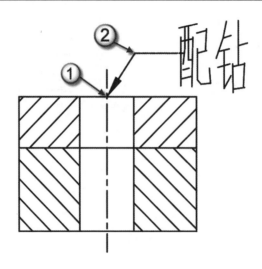

图 10.28　多重引线

10.3　弧线类标注

本节介绍三种弧线类的标注：直径标注、半径标注和角度标注，以及一种特殊的标注智能标注。

10.3.1　直径标注

打开学习卡片 D03，本节全部操作都基于该卡片完成。

将当前视图的注释比例改为 1∶20，切换当前标注样式为"机械"。

直接输入直径标注命令 DimDiameter（缩写 DDI，不区分大小写）并按"空格"键，命令行提示"选择圆弧或圆"，选择圆对象，将弹出"指定尺寸线位置"，移动光标摆放尺寸线，然后单击完成，可看到圆对象上多了 1 个直径标注，如图 10.29 所示。直接按"空格"键重复上一步的"直径标注"命令，命令行提示"选择圆弧或圆"，选择圆弧对象，将弹出"指定尺寸线位置"，移动光标摆放尺寸线，然后单击完成，可看到圆弧对象上多了 1 个直径标注，如图 10.29 所示。

10.3.2　半径标注

与上一节的"直径标注"命令类似，所谓半径标注，就是标注出圆或者圆弧的半径。打开学习卡片 D03，本节的操作还是基于该卡片完成。

直接输入半径标注命令 DimRadius（缩写 DRA，不区分大小写）并按"空格"键，命令行提示"选择圆弧或圆"，选择圆对象，将弹出"指定尺寸线位置"，移动光标摆放尺寸线，然后单击完成，可看到圆对象上多了 1 个半径标注，如图 10.31 所示。直接按"空格"

键重复上一步的"直径标注"命令，命令行提示"选择圆弧或圆"，选择圆弧对象，将弹出"指定尺寸线位置"，移动光标摆放尺寸线，然后单击完成，可看到圆弧对象上多了 1 个直径标注，如图 10.32 所示。

图 10.29　圆的直径标注

图 10.30　圆弧的直径标注

图 10.31　圆的半径标注

图 10.32　圆弧的半径标注

10.3.3　角度标注

所谓角度标注，是指通过 AutoCAD 来测量并标注圆弧的角度、两条直线间的角度或者三点间的角度。打开学习卡片 D03，本节全部操作都基于该卡片完成。

直接输入角度标注命令 DimAngular（缩写 DAN，不区分大小写）并按"空格"键，命令行提示"选择圆弧、圆、直线或 <指定顶点>"，选择圆弧，命令行提示"指定标注弧线位置"，移动光标至合适的位置并单击鼠标左键，可以看到圆对象上多了 1 个角度标注，如图 10.33 所示。直接按"空格"键重复上一步的"角度标注"命令，命令行提示"选择圆弧、圆、直线或 <指定顶点>"，选择第一条直线（图中①处），命令行提示"选择第二条直线"，选择第二条直线（图中②处），命令行提示"指定标注弧线位置"，移动光标至合适的位置并单击鼠标左键，可以看到两条直线对象间多了 1 个角度标注，如图 10.34 所示。

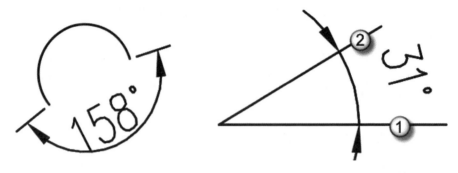

图 10.33　圆弧对象的角度标注　　　　　图 10.34　两条直线的角度标注

10.3.4　智能标注

使用"智能标注"命令可以进行多种类型的标注。打开学习卡片 D05，本节全部操作都基于该卡片完成。

1. 使用"智能标注"命令进行类似"线性标注"的尺寸标注

针对卡片中实线对象（水平放置）进行尺寸标注。

将当前视图的注释比例改为 1：50。切换当前标注样式为"建筑"。

直接输入智能标注命令 DIM（不区分大小写）并按"空格"键，命令行提示 "选择对象或指定第一个尺寸界线原点"，单击①处的交点，命令行提示"指定第二个尺寸界线原点"，单击②处的端点，命令行提示"指定尺寸界线位置或第二条线的角度"，单击③处以确定尺寸界线的位置，可以生成数值为 600 的水平尺寸标注。直接按"空格"键重复上一步的"智能标注"命令，命令行提示"选择对象或指定第一个尺寸界线原点"，单击②处的端点，命令行提示"指定第二个尺寸界线原点"，单击④处的端点，命令行提示"指定尺寸界线位置或第二条线的角度"，单击⑤处以确定尺寸界线的位置，可以生成数值为 300 的垂直尺寸标注，如图 10.35 所示。

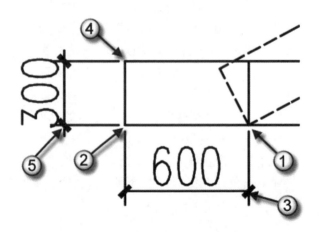

图 10.35　使用"智能标注"命令进行类似"线性标注"的尺寸标注

2. 使用"智能标注"命令进行类似"对齐标注"的尺寸标注

针对卡片中虚线对象（放置有一定角度的对象）进行尺寸标注。

直接输入智能标注命令 DIM 并按"空格"键，命令行提示 "选择对象或指定第一个尺寸界线原点"，单击①处的交点，命令行提示"指定第二个尺寸界线原点"，单击③处的端点，命令行提示"指定尺寸界线位置或第二条线的角度"，单击②处以确定尺寸界线的位置，可以生成数值为 600 的尺寸标注。直接按"空格"键重复上一步的"智能标注"命令，命令行提示 "选择对象或指定第一个尺寸界线原点"，单击③处的端点，命令行提示"指定第二个尺寸界线原点"，单击④处的端点，命令行提示"指定尺寸界线位置或第二条线的角度"，单击⑤处以确定尺寸界线的位置，可以生成数值为 300 的尺寸标注，如图 10.36 所示。其中，②与⑤为大致位置。

3. 使用"智能标注"命令进行类似"直径标注"或"半径标注"的尺寸标注

将当前视图的注释比例改为 1：20。切换当前标注样式为"机械"。

直接输入智能标注命令 DIM 并按"空格"键，命令行提示"选择对象或指定第一个尺寸界线原点"，选择圆弧对象，命令行提示"指定半径标注位置"，移动光标至合适的位置并单击，圆弧上会出现 1 个半径标注，如图 10.37 所示。直接按"空格"键，重复上一步的"智能标注"命令，命令行提示 "选择对象或指定第一个尺寸界线原点"，选择圆弧对象，命令行提示"指定半径标注位置"，输入 D 并按"空格"键，命令行提示"指定直径标注位置"，移动光标至合适的位置并单击，圆弧上会出现 1 个直径标注，如图 10.38 所示。

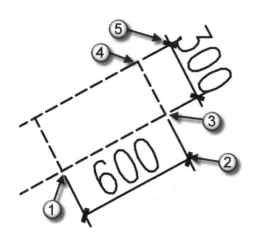

图 10.36 使用"智能标注"命令进行类似"对齐标注"的尺寸标注　　图 10.37 半径标注

使用"智能标注"命令对圆对象进行类似"直径标注"与这个方法一致，此处不再赘述。

4. 使用"智能标注"命令进行类似"角度标注"的尺寸标注

直接输入智能标注命令 DIM 并按"空格"键，命令行提示"选择对象或指定第一个尺寸界线原点"，选择①处的直线，命令行提示"选择直线以指定角度的第二条边"，选择②处的直线，命令行提示"指定角度标注位置"，单击③处以确定角度标注的位置，此时会出现角度标注，如图 10.39 所示。

图 10.38　直径标注

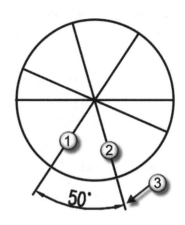

图 10.39　使用"智能标注"命令进行类似
"角度标注"的尺寸标注

5．将尺寸标注自动调整到相应图层

一般情况下，在进行尺寸标注之前需要把有尺寸标注对象的图层置为当前图层，而来回切换图层势必会耽误一定的时间。而"智能标注"命令则可以将生成的标注对象直接放置到指定的图层中。

直接输入智能标注命令 DIM 并按"空格"键，命令行提示　"选择对象或指定第一个尺寸界线原点"，输入 L 并按"空格"键，命令行提示"输入图层名称或选择对象来指定图层以放置标注"，此时可以指定尺寸标注对象到需要的图层中。

10.4　连续标注与基线标注

连续标注是指可以创建一系列的尺寸标注。本节介绍连续标注与基线标注的相关命令与操作。本节的所有操作将在学习卡片 D02 中进行。

10.4.1　连续标注

连续标注需要先进行一种基准标注，然后以这个标注为基准进行连续标注（即下一个标注的起始点是上一个标注的终止点）。基准标注有"线性标注""对齐标注""角度标注"等。

1．基准标注为"线性标注"

将当前视图的注释比例改为 1∶50。切换当前标注样式为"建筑"。针对卡片中的实线对象（水平放置）进行尺寸标注。使用"线性标注"命令标注出一个数值为 600mm 的水平尺寸标注，如图 10.40 所示。

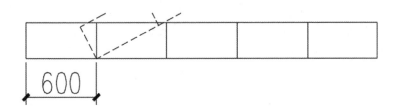

图 10.40　线性标注

直接输入连续标注命令 DimContinue（缩写 DCO，不区分大小写）并按"空格"键，命令行提示"指定第二个尺寸界线原点"，单击①处的端点，命令行提示"指定第二个尺寸界线原点"，单击②处的端点，命令行提示"指定第二个尺寸界线原点"，单击③处的端点，命令行提示"指定第二个尺寸界线原点"，单击④处的端点，按"空格"键完成操作。可以看到出现了一系列的首尾相接的标注，这就是基准标注为"线性标注"的连续标注，如图 10.41 所示。

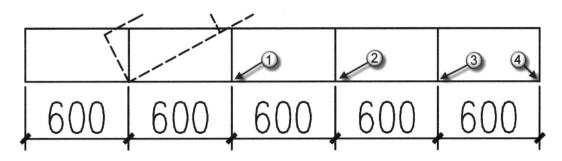

图 10.41　基准标注为"线性标注"的连续标注

2．基准标注为"对齐标注"

针对卡片中的虚线对象（放置有一定的角度）进行尺寸标注。使用"对齐标注"命令，标注出一个数值为 600mm 的尺寸标注（图中①处）。直接输入连续标注命令 DimContinue 并按"空格"键，命令行提示"指定第二个尺寸界线原点"，单击②处的端点，命令行提示"指定第二个尺寸界线原点"，单击③处的端点，命令行提示"指定第二个尺寸界线原点"，单击④处的端点，命令行提示"指定第二个尺寸界线原点"，单击⑤处的端点，按"空格"键完成操作。可以看到出现了一系列的连续标注，这就是基准标注为"对齐标注"的连续标注，如图 10.42 所示。

3．基准标注为"角度标注"

将当前视图的注释比例改为 1∶20。切换当前标注样式为"机械"。

使用"角度标注"命令标注出 50°的角度，如图 10.43 所示。直接输入连续标注命令

DimContinue 并按"空格"键，命令行提示"指定第二个尺寸界线原点"，单击①处的交点，命令行提示"指定第二个尺寸界线原点"，单击②处的交点，命令行提示"指定第二个尺寸界线原点"，单击③处的交点，命令行提示"指定第二个尺寸界线原点"，单击④处的交点，命令行提示"指定第二个尺寸界线原点"，单击⑤处的交点，命令行提示"指定第二个尺寸界线原点"，单击⑥处的交点，命令行提示"指定第二个尺寸界线原点"，单击⑦处的交点，按"空格"键完成操作。可以看到形成了一系列的连续标注，这就是基准标注为"角度标注"的连续标注，如图 10.44 所示。

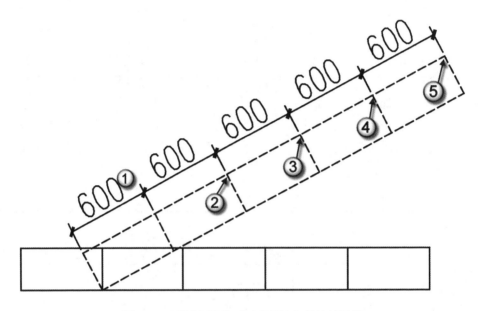

图 10.42　基准标注为"对齐标注"的连续标注

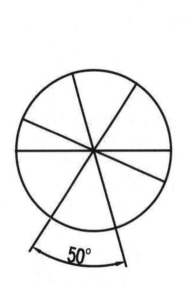

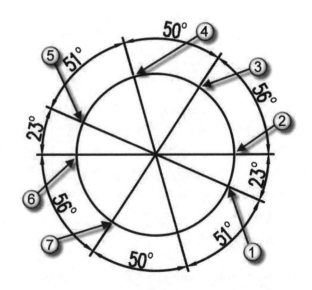

图 10.43　角度标注　　　　　图 10.44　基准标注为"角度标注"的连续标注

10.4.2　基线标注

所谓基线标注，有时又称为平行标注，是指绘制基于同一条尺寸界线的一系列相关尺寸标注。

使用"线性标注"命令标注出一个数值为 270mm 的水平尺寸标注，如图 10.45 所示。

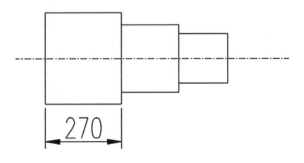

图 10.45　线性标注

直接输入基线标注命令 DimBaseline（缩写 DBA，不区分大小写）并按"空格"键，命令行提示"指定第二个尺寸界线原点"，单击①处的端点，命令行提示"指定第二个尺寸界线原点"，单击②处的端点，按"空格"键结束操作，这时便形成了基线标注，如图 10.46 所示。

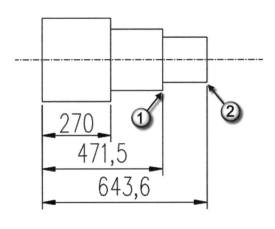

图 10.46　基线标注

10.5　修 改 标 注

打开学习卡片 D07，本节前三节的操作基于该卡片完成。

10.5.1　使用夹点调整标注

与其他类型的对象一样，尺寸标注对象也有夹点。编辑这些夹点可以方便地调整尺寸标注。单击 2100 的尺寸标注会出现 5 个夹点，如图 10.47 所示。这些夹点的作用见表 10.1。

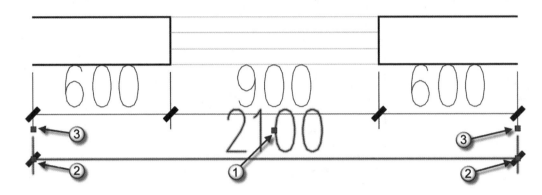

图 10.47　尺寸标注的夹点

表 10.1　尺寸标注的夹点

编　　号	夹 点 名 称	夹点的作用
①	文字夹点	调整文字的位置
②	尺寸线夹点	调整尺寸线的位置
③	尺寸界线夹点	调整尺寸界线的位置

单击②处的尺寸线夹点（有两个，左侧、右侧皆可以）以激活这个夹点，向下拖动夹点会调整尺寸线的位置，如图 10.48 所示。

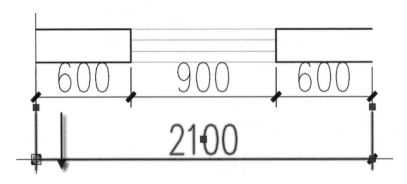

图 10.48　调整尺寸线夹点

单击①处的文字夹点以激活这个夹点，向右拖动夹点会调整文字的位置，如图 10.49 所示。

单击③处的尺寸界线夹点（有两个，单击左侧这一个）以激活这个夹点，向右拖动夹点会调整尺寸界线的位置，如图 10.50 所示。

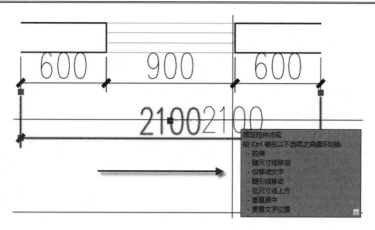

图 10.49　调整文字夹点

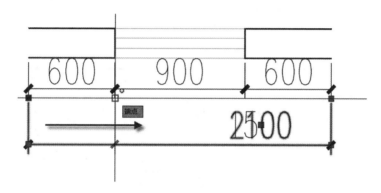

图 10.50　调整尺寸界线夹点

注意：拖动尺寸界线夹点不仅会调整尺寸界线的位置，而且会联动使尺寸标注的数值也随之变化，如图 10.51 所示。

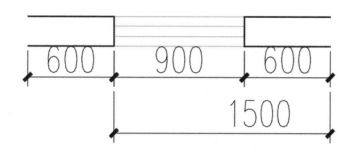

图 10.51　数值随之变化

10.5.2　编辑标注文字

尺寸标注中的数值一般不需要改动，因为 AutoCAD 会根据对象的长度自动标注其尺寸。如果改动尺寸标注的数值，会引起绘图或统计时的混乱。

　　直接输入文字编辑命令 TextEdit（缩写 ED，不区分大小写）并按"空格"键，命令行提示"选择注释对象"，选择数值 2100 的尺寸标注，在弹出的"文字格式"对话框的文本输入栏中，在 2100 前加入"总尺寸为："字样，单击"确定"按钮，如图 10.52 所示。操作完成之后如图 10.53 所示。

图 10.52　编辑标注文字

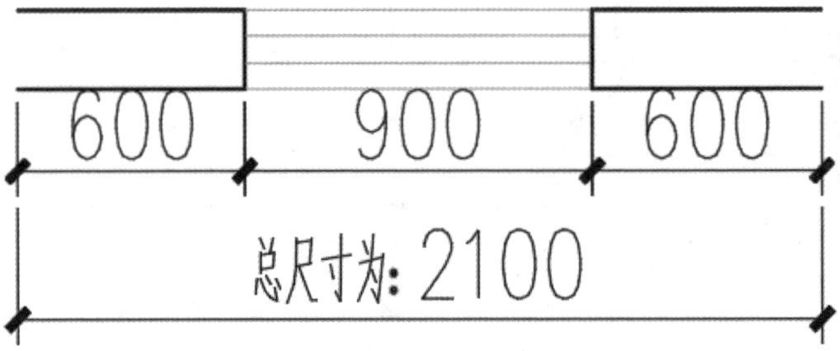

图 10.53　编辑后的标注文字

⊙注意：虽然"文字编辑"命令可以修改尺寸标注中的文字，但是设计人员一般只会增加
　　　　一些说明，而不会直接修改标注的数值。

10.5.3　使用"特性"面板修改尺寸标注

　　本节介绍使用"特性"面板修改尺寸标注的方法。选择数值为 900 的尺寸标注，按 Ctrl+1 快捷键打开"特性"面板，可以看到这个标注的类型是"转角标注"（这是软件的翻译问题，应是"线性标注"），在"其他"卷展栏中的"标注样式"栏可以看到当前的标注样式为"建筑 1∶50"，也可以在此处切换标注样式。在"直线和箭头"卷展栏中可以调整相应的参数，在"文字"卷展栏中也可以调整相应的参数。特别是当需要修改标注数值时，可以在"文字替代"栏中输入相应数值，如图 10.54 所示。

⊙注意：在"特性"面板中的"直线和箭头"卷展栏和"文字"卷展栏中的修改，与在"标
　　　　注样式"命令中的相应位置的修改效果一样。

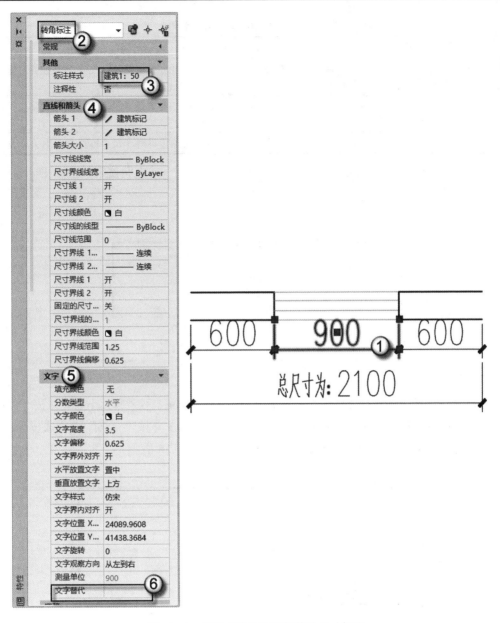

图 10.54　使用"特性"面板修改尺寸标注

10.5.4　标注的关联

如果设置尺寸标注与标注的对象相关联，那么调整对象的边界线，相关联尺寸标注的数值也会随之变化，这就是标注的关联。打开学习卡片 D06，本节的操作都基于该卡片。

标注的对象与尺寸标注是否相关联需要使用到系统变量 Dimassoc，这个系统变量的值见表 10.2。

表 10.2　系统变量Dimassoc的值

值	说　　明
0	创建分解的尺寸标注。尺寸标注不与对象关联。尺寸线、尺寸界线、箭头、文字为单独的对象，而不是默认情况下的一个复合对象
1	创建的尺寸标注是一个复合对象，但其不与对象关联。在调整对象边界时，尺寸标注不发生关联变化
2	创建的尺寸标注是一个复合对象，并与对象关联。在调整对象边界时，尺寸标注会发生关联变化

学习卡片中有一个待标注的对象，如图 10.55 所示，①→②之间使用关联标注，②→③之间用非关联标注。

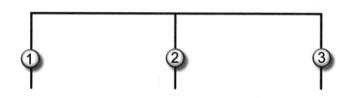

图 10.55　待标注的对象

（1）关联的尺寸标注：直接输入关联标注命令 Dimassoc（不区分大小写）并按"空格"键，命令行提示"输入 DIMASSOC 的新值 <2>:"，输入 1 并按"空格"键完成操作。使用"线性标注"命令对①→②之间进行尺寸标注，如图 10.56 所示。

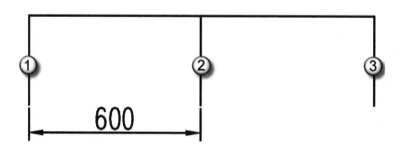

图 10.56　关联的尺寸标注

（2）非关联的尺寸标注：直接输入关联标注命令 Dimassoc 并按"空格"键，命令行提示"输入 DIMASSOC 的新值 <1>:"，输入 2 并按"空格"键完成操作。使用"线性标注"命令对②→③之间进行尺寸标注，如图 10.57 所示。

（3）注释监视器：单击屏幕右下角"注释监视器"＋按钮打开注释监视器，可以看到②→③之间的尺寸标注会出现一个感叹号（图中④处），这表示这个尺寸标注与对象之间没有关联，如图 10.58 所示。

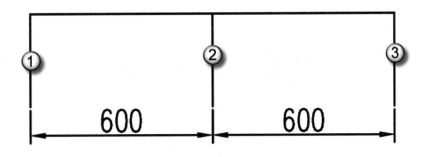

图 10.57　非关联的尺寸标注

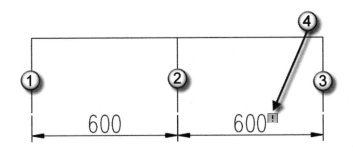

图 10.58　出现感叹号的尺寸标注

（4）调整对象边界线时，关联尺寸标注数值的变化。移动①处的边界可以看到与之关联尺寸标注的数值也随之变化，如图 10.59 所示。

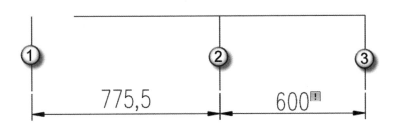

图 10.59　关联尺寸标注数值的变化

如果想删除尺寸标注与标注对象之间的关联，可以使用命令 DimDisassociate（缩写 DDA，不区分大小写）。这个命令只是删除尺寸标注与标注对象之间的关联，而不会删除尺寸标注。

第11章 动态图块

在没有推出动态图块功能之前，AutoCAD 一直是命令驱动型的操作方式，即发出一个命令解决一个问题，如绘图、编辑等。而动态图块则不同，不用发出命令，直接操作动态图块即可。

动态图块带有信息量，可以进行统计与计算。

11.1 块编辑器

本节介绍使用块编辑器创建动态图块的一般过程及操作动态图块的一般方法。

11.1.1 创建动态图块

本节以一个可以随意拉伸长与宽的矩形为例说明动态图块的制作过程。

（1）绘制矩形。使用"矩形"命令绘制一个矩形，尺寸没有要求（因为制作成动态图块之后，可以将其随意向长方向、宽方向拉伸），如图 11.1 所示。

图 11.1 绘制矩形

（2）创建图块。直接输入创建图块命令 Block（缩写 B，不区分大小写）并按"空格"键，在弹出的"块定义"对话框中，在"名称"栏中输入"动态矩形"字样，单击"拾取点"按钮，拾取矩形左下角的端点（图中③处）作为基点，单击"转换为块"单选按钮，单击"选择对象"按钮选择这个矩形，勾选"在块编辑器中打开"复选框，单击"确定"按钮，如图 11.2 所示。

注意：创建动态图块与创建一般图块在"块定义"对话框中的设置有一个区别，创建图块要勾选"在块编辑器中打开"复选框，而创建一般图块不需要。这是因为创建动态图块需要在块编辑器中进行详细的操作，而创建一般图块则不需要。

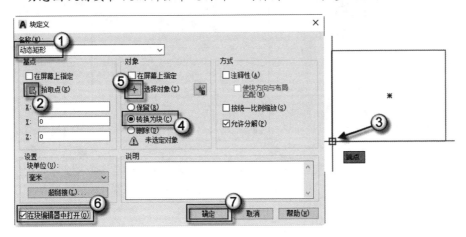

图 11.2　创建图块

（3）启动"块编写选项板"。在工具栏中单击"编写选项板"按钮（图中②处），会弹出"块编写选项板"（图中③处），如图 11.3 所示。动态图块就是在一般图块的基础上增加"参数""动作"和"约束"，这些操作皆在"块编写选项板"中完成。

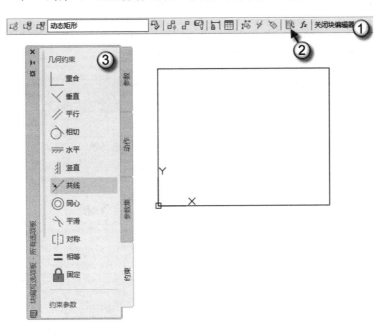

图 11.3　块编写选项板

（4）增加"线性"参数。在"块编写选项板"中选择"参数"栏（图中①处），选择"线性"参数（图中②处），用③④两点定义"距离 1"，用④⑤两点定义"距离 2"，如图 11.4 所示。

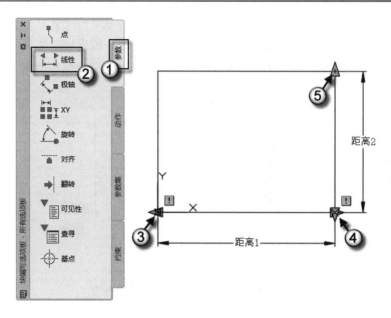

图 11.4　增加"线性"参数

（5）修改标签名。选择"距离 1"，按 Ctrl+1 快捷键，在弹出的"特性"面板中的"距离名称"栏中输入"长"字样，如图 11.5 所示。选择"距离 2"，按 Ctrl+1 快捷键，在弹出的"特性"面板中的"距离名称"栏中输入"宽"字样，如图 11.6 所示。

注意：不将标签名修改为"长""宽"也可以进行动态图块的操作。修改之后，定义参数的位置一目了然，方便团队中其他成员的操作。

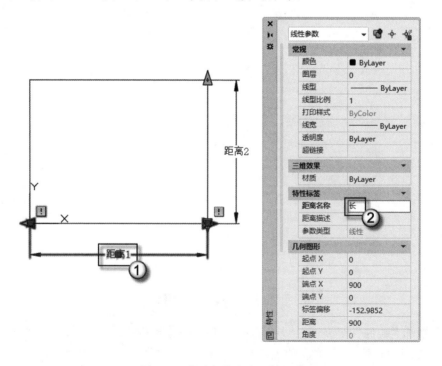

图 11.5　修改标签名为"长"

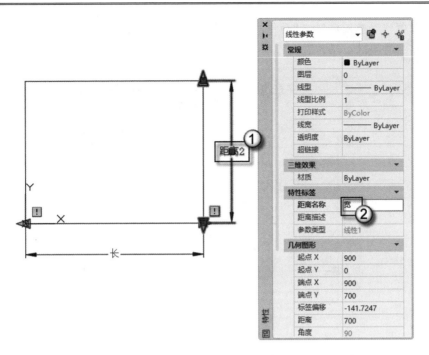

图 11.6　修改标签名为"宽"

（6）增加"拉伸"动作。在"块编写选项板"中选择"动作"栏，选择"拉伸"参数，命令行提示"选择参数"，选择"长"参数，命令行提示"指定与动作关联的点"，选择矩形右下角的点（图中④处），如图 11.7 所示，后面会在这个位置出现一个拉伸夹点（11.1.2节会介绍）。命令行提示"指定拉伸框架的第一个角点"，单击图中⑤处的点（大致位置），命令行提示"指定对角点"，单击图中⑥处的点（大致位置），如图 11.8 所示。命令行提示"选择对象"，通过⑦→⑧两个点拉框框选全部对象，如图 11.9 所示。

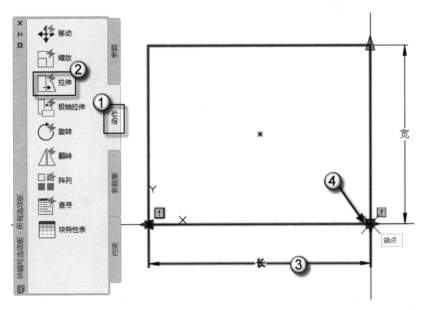

图 11.7　"拉伸"动作

⚡注意：在制作动态图块时，"动作"是挂载在"参数"之上的。所以应先定义"参数"，然后再定义"动作"。

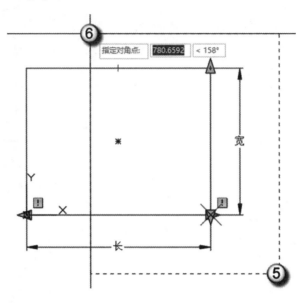

图 11.8　选择拉伸框架的两个点

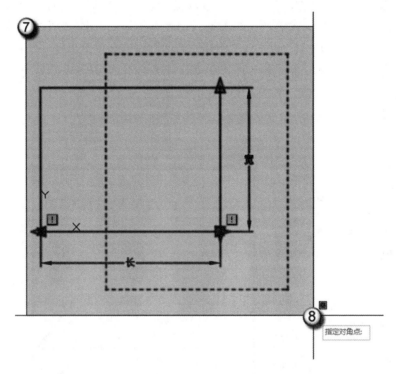

图 11.9　选择对象

⚡注意：图 11.8 与图 11.9 都是拉框选择，但有区别。图 11.8 中通过⑤→⑥两个点拉框是从右向左拉框，拉出的是虚线框，是叉选。而图 11.9 中通过⑦→⑧两个点拉框是从左向右拉框，拉出的是实线框，是框选。叉选与框选的选择方式在第 3 章介绍过。

（7）继续增加"拉伸"动作。直接按"空格"键，重复上一步的命令，继续增加"拉伸"动作。命令行提示"选择参数"，选择"宽"参数，命令行提示"指定与动作关联的点"，选择矩形右上角的点（图中②处），如图 11.10 所示，后面会在这个位置出现一个拉伸夹点（下一节会介绍）。命令行提示"指定拉伸框架的第一个角点"，单击图中⑤处的点（大致位置），命令行提示"指定对角点"，单击图中⑥处的点（大致位置），如图 11.11 所示。命令行提示"选择对象"，通过⑦→⑧两个点拉框框选全部对象，如图 11.12 所示。

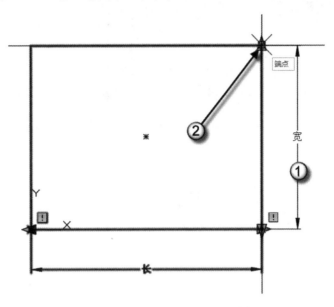

图 11.10　继续增加"拉伸"动作

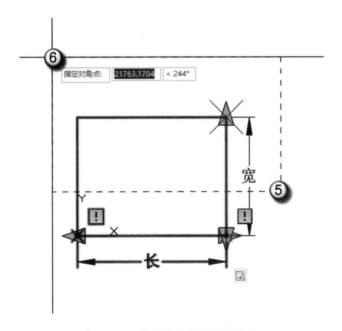

图 11.11　选择拉伸框架的两个点

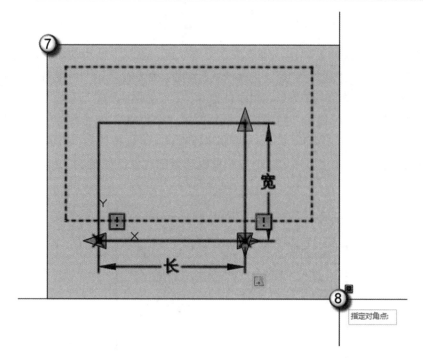

图 11.12　选择对象

在工具栏中单击"关闭块编辑器"按钮，在弹出的"块-未保存更改"对话框中选择"将更改保存到动态矩形"选项，如图 11.13 所示。

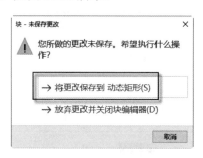

图 11.13　将更改保存到动态矩形

11.1.2　操作动态图块

选择制作好的动态图块，可以看到其出现了三个夹点，如图 11.14 所示。①处的夹点是一般夹点，编辑这个夹点可以对图块进行移动、复制、旋转、镜像等操作。相关内容在本书的"5.2 图块"一节有详细介绍。②与③处的夹点是动态图块夹点，编辑这两个夹点可以拉伸对象。

🔔注意：②与③处的夹点是命令行提示"指定与动作关联的点"时指定的点，这个内容在11.1.1 中介绍过。

操作长方向的拉伸夹点。单击②处的夹点以激活这个夹点，按住鼠标左键向右移动光标，可以观察到矩形在向右拉伸，如图 11.15 所示。

操作宽方向的拉伸夹点。单击③处的夹点以激活这个夹点，按住鼠标左键向上移动光标，可以观察到矩形在向上拉伸，如图 11.16 所示。

这样的操作体现了动态图块的特点：在不使用命令的情况下对图块进行调整。

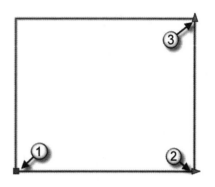

图 11.14　三个夹点

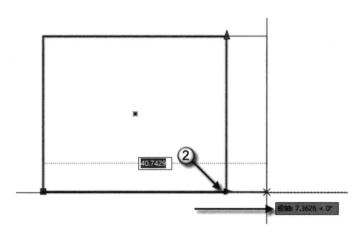

图 11.15　操作长方向的拉伸夹点

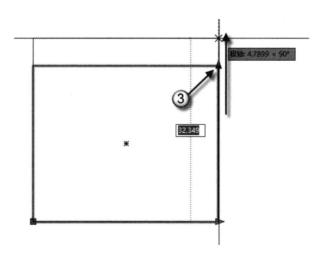

图 11.16　操作宽方向的拉伸夹点

注意：修改一般的图块，可双击图块进入图块编辑模式，然后进行修改。而修改动态图块需要直接输入编辑图块命令 BEdit（缩写 BE，不区分大小写），在弹出的"编辑块定义"对话框中选择需要编辑的动态图块的名称，然后进入图块编辑模式对这个动态图块进行编辑。

11.2 实　　例

本节用衣柜、平开门和求阴影区的面积 3 个小实例将动态图块的基本知识串联起来，让大家了解动态图块制作的一般流程。

11.2.1 衣柜

打开学习卡片 K02，可以看到里面有两组对象：衣架（图中①处）与衣柜（图中②处），如图 11.17 所示。衣柜的宽度为 600mm 不变，衣柜的长度是动态的，可以拉长也可以缩短。并且，当衣柜的长度发生变化时，里面衣架的数量也随之增减。

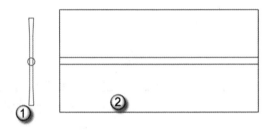

图 11.17　两组对象

（1）创建图块。直接输入创建图块命令 Block（缩写 B，不区分大小写）并按"空格"键，在弹出的"块定义"对话框中，在"名称"栏中输入"衣柜（动态）"字样（图中①处），单击"拾取点"按钮（图中②处）拾取衣柜左下角的端点（图中③处）作为基点，单击"转换为块"单选按钮（图中④处），单击"选择对象"按钮（图中⑤处）选择这两组对象，勾选"在块编辑器中打开"复选框（图中⑥处），单击"确定"按钮（图中⑦处），如图 11.18 所示。

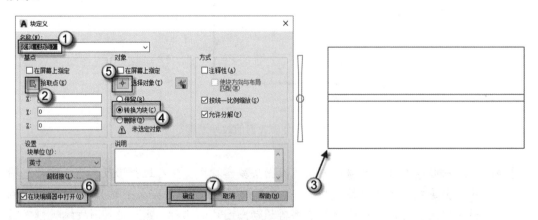

图 11.18　创建图块

🔔注意：动态图块在命名时，为了与一般图块有所区别，建议加上"动态"字样。这样，当这个图块被团队中其他设计人员使用时，一看就知道是动态图块了。

（2）增加"线性"参数。使用"移动"命令将衣架移动到衣柜里面（图中①处的位置），在"块编写选项板"中选择"参数"栏（图中②处），选择"线性"参数（图中③处），用两点（④⑤）定义"距离 1"（图中⑥处），选择"距离 1"，按 Ctrl+1 快捷键，在弹出的"特性"面板中的"距离名称"栏中输入"衣柜长"字样（图中⑦处），如图 11.19 所示。

🔔注意：衣柜的宽度一般为 600mm 不变，故不设置"衣柜宽"的参数。

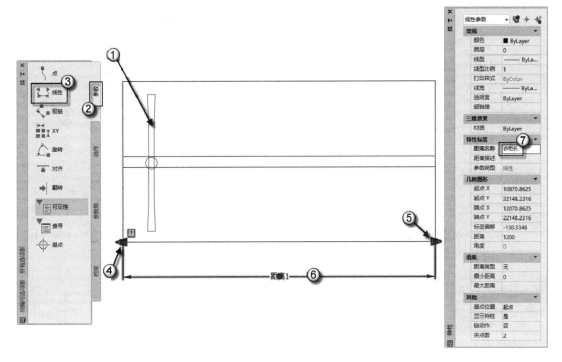

图 11.19　增加"线性"参数

（3）增加"阵列"动作。在"块编写选项板"中选择"动作"栏（图中①处），选择"阵列"动作（图中②处），命令行提示"选择参数"，选择"衣柜长"（图中③处）；命令行提示"选择对象"，选择衣架（图中④处）；命令行提示"输入列间距"，输入 150 并按"空格"键，这时会出现一个阵列图标（图中⑤处），如图 11.20 所示。

（4）增加"拉伸"动作。在"块编写选项板"中选择"动作"栏（图中①处），选择"拉伸"动作（图中②处），命令行提示"选择参数"，选择"衣柜长"（图中③处），命令行提示"指定与动作关联的点"，选择衣柜右下角的端点（图中④处），如图 11.21 所示。命令行提示"指定拉伸框架的第一个角点"，单击图中①处的点（大致位置），命令行提示"指定对角点"，单击图中②处的点（大致位置），如图 11.22 所示。命令行提示"选择对象"，选择除衣架外的全部对象，完成后会出现一个拉伸图标（图中⑥处），如图 11.23 所示。

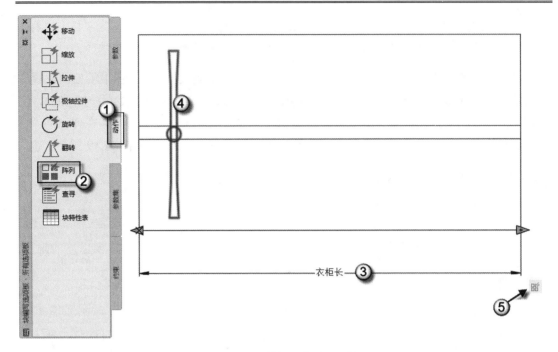

图 11.20 增加"阵列"动作

注意："动作"是挂载在"参数"上面的，一个"参数"可以挂载多个"动作"。这里的
"衣柜长"参数就挂载了"阵列"（图 11.23 中⑤处的图标）、"拉伸"（图 11.23
中⑥处的图标）两个动作。

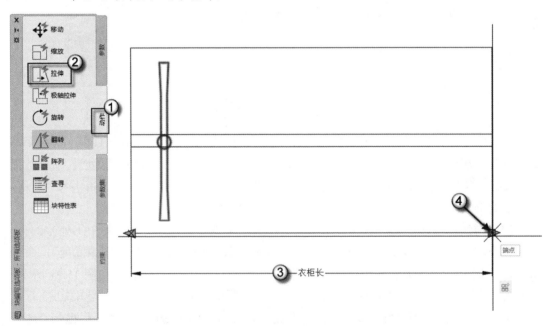

图 11.21 增加"拉伸"动作

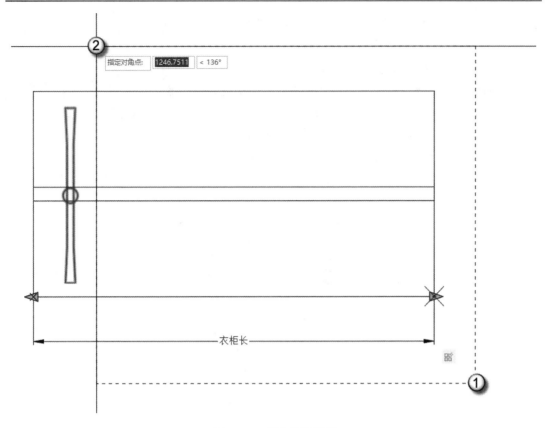

图 11.22　指定拉伸框架

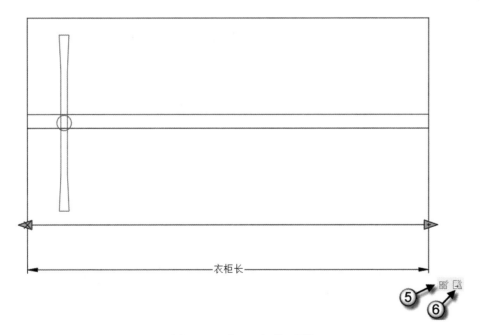

图 11.23　出现"拉伸"图标

（5）保存动态图块。在工具栏中单击"关闭块编辑器"按钮，在弹出的"块-未保存更改"对话框中选择"将更改保存到衣柜（动态）"选项，如图 11.24 所示。

（6）测试动态图块。选择制作好的"衣柜（动态）"图块，激活①处的夹点，按住鼠标左键向右移动光标，可以观察到衣柜在长度方向进行拉长的同时，衣架的数量也在增加，如图 11.25 所示。如果向左移动光标，衣柜在长度方向进行缩短的同时，衣架的数量也会减少。

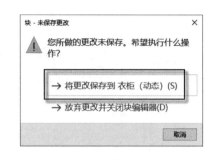

图 11.24　保存动态图块

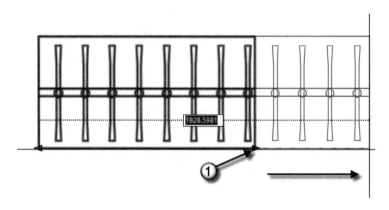

图 11.25　测试动态图块

11.2.2　平开门

打开学习卡片 K03，可以看到里面有一个平开门的图形对象（图中①处）和准备插入门的墙体对象（图中②处），如图 11.26 所示。

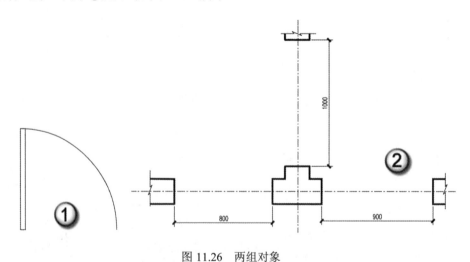

图 11.26　两组对象

（1）创建图块。直接输入创建图块命令 Block（缩写 B，不区分大小写）并按空格键，在弹出的"块定义"对话框中，在"名称"栏中输入"平开门（动态）"字样（图中①处），

单击"拾取点"按钮（图中②处）拾取平开门左下角的端点（图中③处）作为基点，单击
"转换为块"单选按钮（图中④处），单击"选择对象"按钮（图中⑤处）选择整个平开门
对象，勾选"在块编辑器中打开"复选框（图中⑥处），单击"确定"按钮（图中⑦处），
如图 11.27 所示。

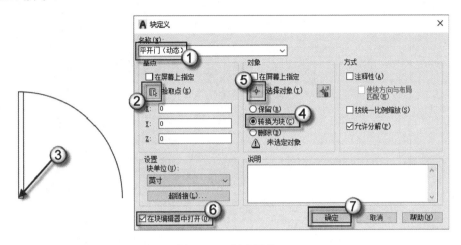

图 11.27　创建图块

（2）添加"内外翻转"参数。在"块编写选项板"中选择"参数"栏（图中①处），选
择"翻转"参数（图中②处），命令行提示"指定投影线的基点"，选择图中③处的端点，
命令行提示"指定投影线的端点"，选择图中④处的端点。指定了③④两个点之后会自动生
成一个虚线轴（图中⑤处），这个轴就是翻转轴。命令行提示"指定标签位置"，移动光标
并放到图中⑥处的位置（大致位置），如图 11.28 所示。选择"翻转状态 1"标签（图中⑧
处），按 Ctrl+1 快捷键，在弹出的"特性"面板中的"翻转名称"栏中输入"内外翻"字
样（图中⑨处），如图 11.29 所示。

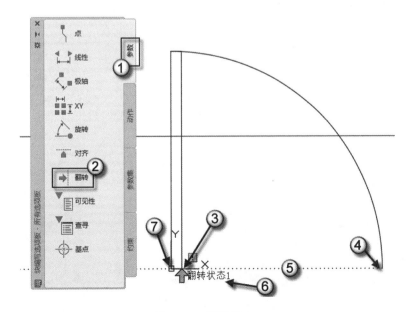

图 11.28　翻转状态 1

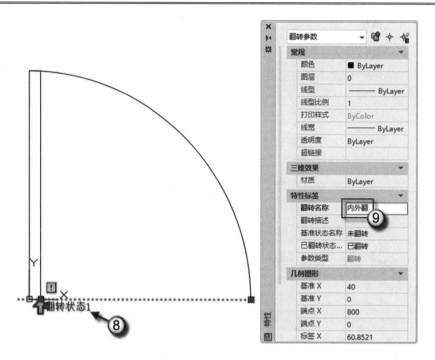

图 11.29　更改翻转名称

（3）添加"左右翻转"参数。直接按空格键重复上一步命令。命令行提示"指定投影线的基点"，选择图中①处的点（捕捉这个点时需要使用"最近点"的捕捉方式），命令行提示"指定投影线的端点"，选择图中②处的端点。指定了①②两个点之后会自动生成一个虚线轴（图中③处），这个轴就是翻转轴。命令行提示"指定标签位置"，移动光标并放到图中④处的位置（大致位置），如图 11.30 所示。选择"翻转状态 2"标签（图中⑧处），按Ctrl+1 快捷键，在弹出的"特性"面板中的"翻转名称"栏中输入"左右翻"字样（图中⑨处），如图 11.31 所示。

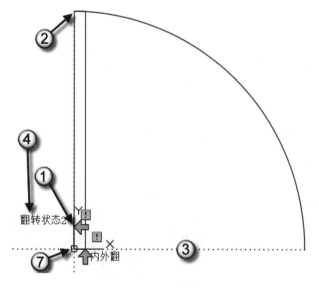

图 11.30　翻转状态 2

注意：在定位"指定投影线的基点""指定投影线的端点"时，一定要避开⑦处的端点，
因为这个点是平开门的插入基点。

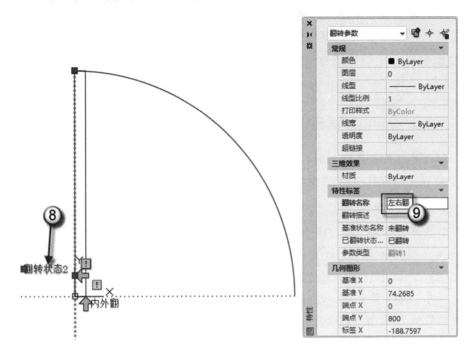

图 11.31　更改翻转名称

（4）添加"内外翻"动作。在"块编写选项板"中选择"动作"栏（图中①处），选择
"翻转"动作（图中②处），命令行提示"选择参数"，选择"内外翻"参数（图中③处），
命令行提示"选择对象"，选择全部对象，完成后会出现一个翻转图标（图中④处），如
图 11.32 所示。

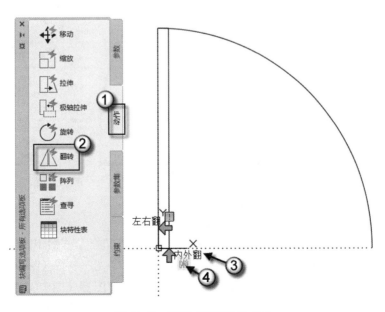

图 11.32　添加"翻转"动作 1

（5）添加"左右翻"动作。直接按空格键重复上一步命令。命令行提示"选择参数"，选择"左右翻"参数（图中⑥处），命令行提示"选择对象"，选择全部对象，完成后会出现另一个翻转图标（图中⑤处），如图 11.33 所示。

这里有两个"翻转"动作，因此有两个"翻转"图标（图中④⑤两处）。

注意：动作是挂载在参数上的，"翻转"动作是挂载在"翻转"参数上的。

（6）添加"线性"参数。在"块编写选项板"中选择"参数"栏（图中①处），选择"线性"参数（图中②处），用两点（③④）定义"距离 1"（图中⑤处）。选择"距离 1"，按 Ctrl+1 快捷键，在弹出的"特性"面板中的"距离名称"栏中输入"门宽"字样（图中⑥处），如图 11.34 所示。

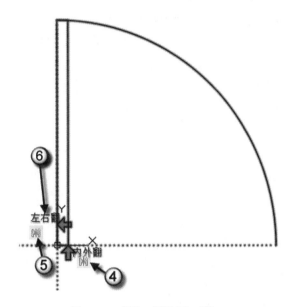

图 11.33 添加"翻转"动作 2

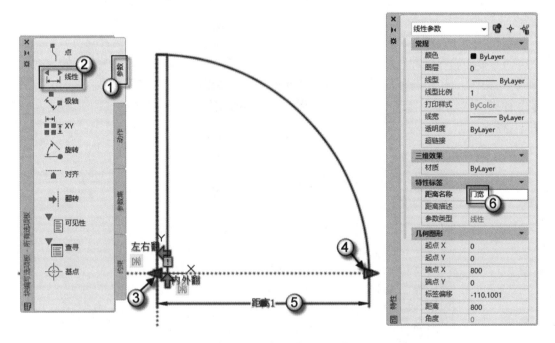

图 11.34 添加"线性"参数

（7）添加"缩放"动作。在"块编写选项板"中选择"动作"栏（图中①处），选择"缩放"动作（图中②处），命令行提示"选择参数"，选择"门宽"参数（图中③处），命令行提示"选择对象"，选择全部对象，完成后会出现一个翻转图标（图中④处），如图 11.35 所示。

注意：动作是挂载在参数上的，"缩放"动作可挂载在"线性"参数上。

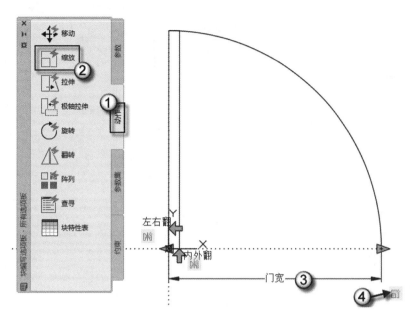

图 11.35　添加"缩放"动作

（8）保存动态图块。在工具栏中单击"关闭块编辑器"按钮，在弹出的"块-未保存更改"对话框中选择"将更改保存到平开门（动态）"选项，如图 11.36 所示。

（9）图块的夹点：选择"平开门（动态）"图块会出现夹点，单击①处的夹点会内外翻转门（即门向内开启还是向外开启），单击②处的夹点会左右翻转门（即门向左开启还是向右开启）。按住③处的夹点向右移动光标会放大门，向左移动光标会缩小门，如图 11.37 所示。

图 11.36　保存动态图块

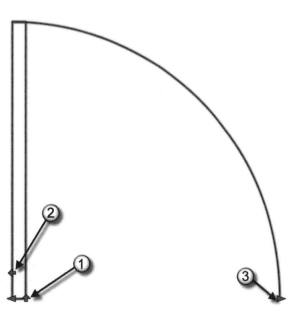

图 11.37　图块的夹点

把"平开门（动态）"图块插入门洞中并进行调整，完成之后如图 11.38 所示。

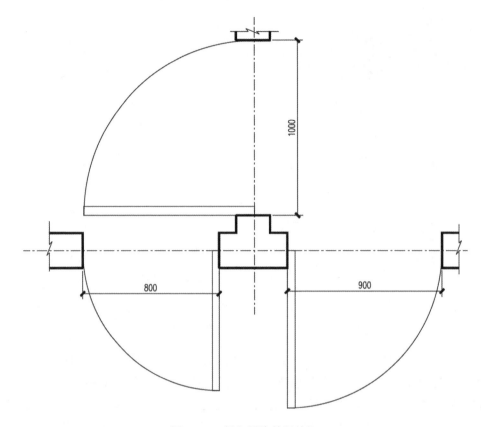

图 11.38　插入图块并调整门

11.2.3　约束的使用——求阴影区的面积

打开学习卡片 K05，此处以一道初中几何题"求阴影区的面积"为例说明约束的使用方法。△ABC 为直角三角形，正方形 ADEF 中的点 E 在直线 BC 上。已知 CE=5，BE=8，求阴影区的面积，如图 11.39 所示。

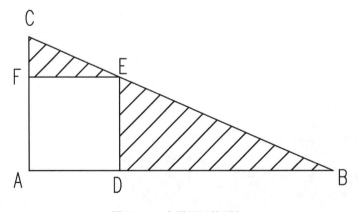

图 11.39　求阴影区的面积

（1）绘制矩形 ADEF。使用"矩形"命令绘制出矩形 ADEF，大小随意，如图 11.40 所示。

（2）绘制直线 FC。使用"直线"命令过点 F 垂直向上绘制出直线 FC，如图 11.41 所示。

（3）绘制直线 CE。使用"直线"命令连接 C 与 E 两个端点，形成直线 CE，如图 11.42 所示。

（4）绘制延长线。在"对象捕捉"设置中开启"延长线"模式（图中①处），使用"直线"命令绘制 CE 的延长线（图中②处），这条线一定要与 AD 的延长线（图中③处）相交，交点是图中④处的点，如图 11.43 所示。

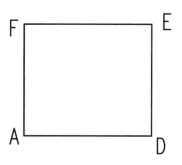

图 11.40　绘制矩形 ADEF

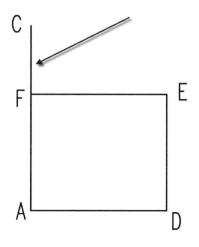

图 11.41　绘制直线 FC

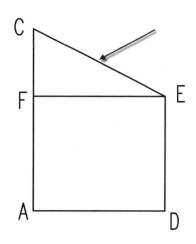

图 11.42　绘制直线 CE

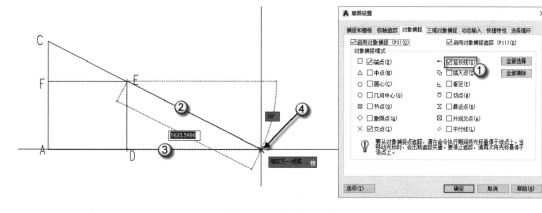

图 11.43　绘制延长线

（5）绘制直线 BD。使用"直线"命令连接 B 与 D 两个端点，形成直线 BD，如图 11.44 所示。

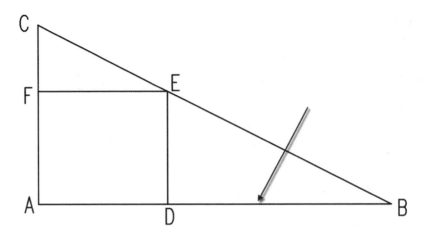

图 11.44　绘制直线 BD

💭**注意**：CB 虽然是一条直线，但是不能直接从 C 绘制到 B，而要分两段绘制，先画 C→E，
然后再画 E→B。

（6）制作动态图块。直接输入创建图块命令 Block（缩写 B，不区分大小写）并按空
格键，在弹出的"块定义"对话框中，在"名称"栏中输入"求阴影区面积"字样，单击
"拾取点"按钮拾取 A 点作为基点，单击"转换为块"单选按钮，单击"选择对象"按钮
选择本节前五步绘制的全部对象，勾选"在块编辑器中打开"复选框，单击"确定"按钮
进入块编辑器操作界面，如图 11.45 所示。

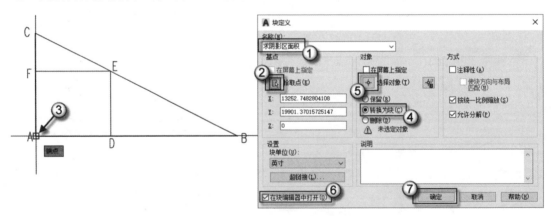

图 11.45　制作动态图块

（7）设置自动约束。选择菜单栏"参数"|"自动约束"命令，命令行提示"选择对象"，
选择块编辑器操作界面中的全部对象并按空格键，操作完成后在图形的附近会出现一系列
约束图标，如图 11.46 所示。

（8）设置"相等"几何约束。选择"约束"|"几何约束"|"相等"命令，命令行提示
"选择第一个对象"，选择直线 FE。命令行提示"选择第二个对象"，选择直线 ED，如
图 11.47 所示。这样矩形 ADEF 就变成一个正方形了。

（9）设置"对齐"约束参数。选择"约束"|"约束参数"|"对齐"命令，命令行提示"指定第一个约束点"，单击 C 点，命令行提示"指定第二个约束点"，单击 E 点，命令行提示"指定尺寸线位置"，移动光标至适当位置，单击即可生成 d1 标注（图中⑥处）。按空格键重复上一步命令，命令行提示"指定第一个约束点"，单击 E 点，命令行提示"指定第二个约束点"，单击 B 点，命令行提示"指定尺寸线位置"，移动光标至适当位置，单击即可生成 d2 标注（图中⑨处），如图 11.48 所示。

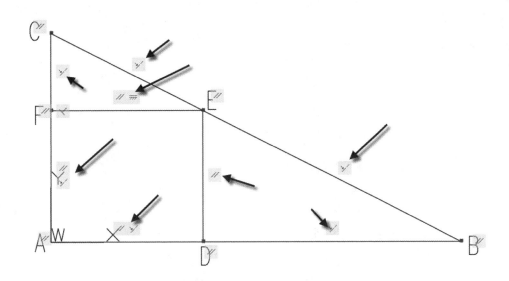

图 11.46　约束图块

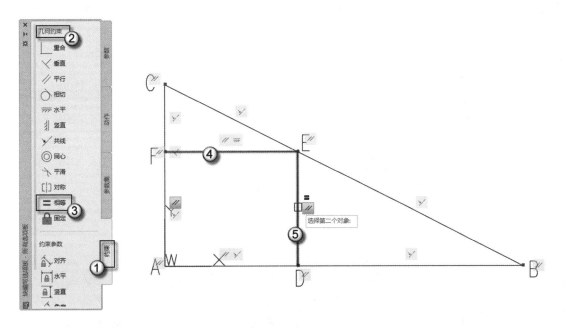

图 11.47　设置"相等"几何约束

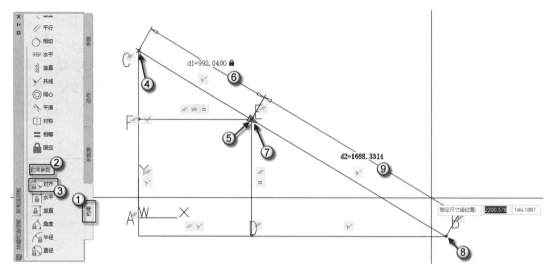

图 11.48　设置"对齐"约束参数

（10）修改标注值。双击 d1 标注，将标注值改为 5 并按空格键。双击 d2 标注，将标注值改为 8 并按"空格"键，完成之后如图 11.49 所示。图中图形对象都挤在一起了，这是因为比例的问题，滚动鼠标滚轮，放大视图直至图形清晰可见，如图 11.50 所示。

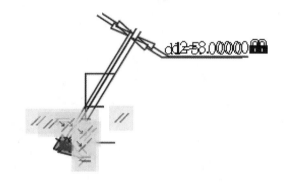

注意：约束参数的使用，一般都是先标注，然后更改标注的值，从而达到约束图形长度、角度的效果。

图 11.49　图形挤在一起

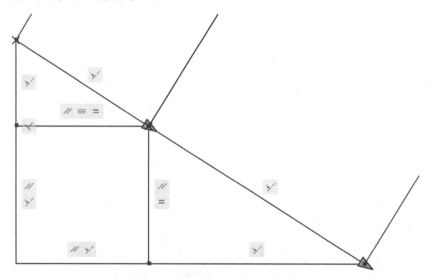

图 11.50　放大视图

（11）计算阴影区面积。直接输入图案填充命令 Hatch（缩写 H，不区分大小写）并按空格键，在弹出的"图案填充和渐变色"对话框中的"样例"栏中选择 45°斜线（图中①处），在"比例"栏中输入 5（图中②处），单击"添加：拾取点"按钮（图中③处），单击选择④⑤两个区域，单击"确定"按钮，如图 11.51 所示。选择④与⑤两处阴影区，按 Ctrl+L 快捷键，在弹出的"特性"面板的"累计面积"栏中可以看到面积值（图中⑥处），如图 11.52 所示。

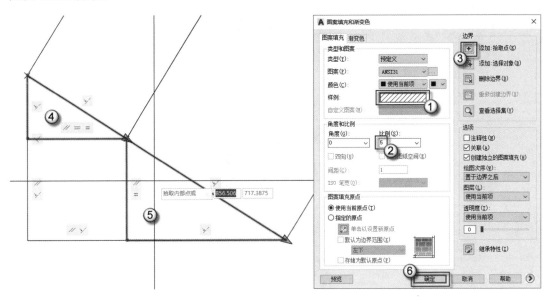

图 11.51 图案填充

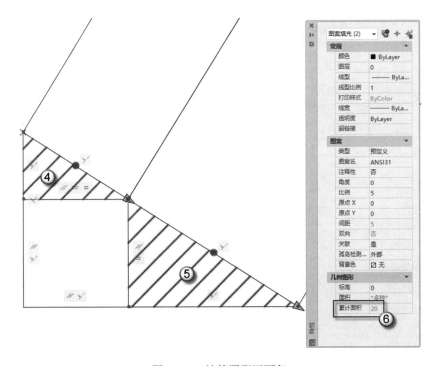

图 11.52 计算阴影区面积

🔔**注意：**在制作动态图块时，在"块编写选项板"中有两类约束命令：几何约束与约束参数，如图 11.53 所示。"几何约束"命令是约束两个及两个以上的对象的几何属性，如垂直、平行、共线等。而"约束参数"命令则是通过尺寸标注来约束单个对象的几何属性，如长度、角度、直径等。

图 11.53　两类约束命令

第 12 章　中 间 命 令

AutoCAD 有一类特殊的命令是在主命令发出的过程中执行的，因此被称为"中间命令"。

本章介绍"中间命令"的两大类型："命令修饰符"与"透明命令"。

12.1　命令修饰符

本节介绍"选择模式""对象捕捉模式"两大类型的命令修饰符和捕捉两点的中点的命令修饰符 MTP。

12.1.1　MTP 命令修饰符

MTP 的作用是：在不绘制辅助线的情况下直接定位两个点的中点。

打开学习卡片 I01，可以看到墙中开了一个 ZM1221 的子母门，如图 12.1 所示。要求使用"镜像"命令，在不绘制辅助线的情况下将 ZM1221 的开启方向进行左右翻转。

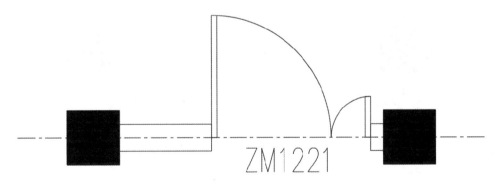

图 12.1　子母门 ZM1221

直接输入镜像命令 Mirror（缩写 MI，不区分大小写）并按"空格"键，命令行提示"选择对象"，选择整个子母门，并按"空格"键确认选择，命令行提示"指定镜像线第一点"。输入 MTP（不区分大小写）并按空格键，命令行提示"中点的第一点"，单击①处的端点，命令行提示"中点的第二点"，单击②处的端点，此时会在①②两点连线的中点（图中③处）生成镜像轴，垂直向上移动光标以保证镜像轴是垂直的。命令行提示"指定镜像轴的第二点"，在④处的大致位置单击以确定镜像轴，如图 12.2 所示，命令行提示"要删除源对象吗"，输入 Y 并按空格键。

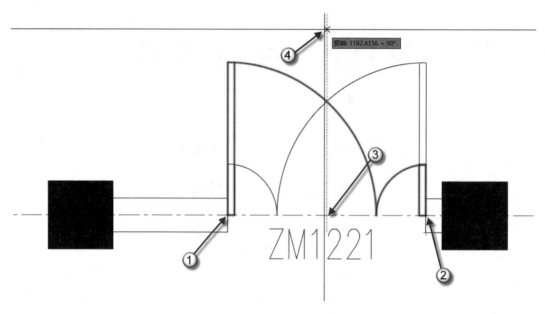

图 12.2　创建图块

操作完成之后如图 12.3 所示。可以看到 ZM1221 的开启方向已经进行了左右翻转。

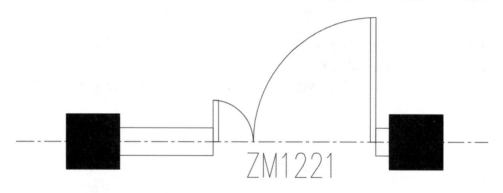

图 12.3　翻转后的子母门

12.1.2　选择模式

当命令行提示"选择对象"时，可以用表 12.1 中的命令修饰符来进行选择。

表 12.1　选择模式的命令修饰符

命令修饰符	中文名称	功　　能
W	窗口	拉出的选择框是实线框，完全框进去的对象才被选上
C	窗交	拉出的选择框是虚线框，只要挨着的对象就被选上
BOX	长方体	用两个对角点的方式拉出选择框，从左向右拉是实线框，完全框进去的对象才被选上；从右向左拉是虚线框，只要挨着的对象就被选上

命令修饰符	中文名称	功　　能
ALL	全部	一次性选择全部对象
F	栏选	绘制首尾相接的选择框，这个选择框是栅栏，与栅栏挨着的对象就被选上
P	上一个	选择上一步操作中选择的对象
SI	单个	相当于只选择一个对象并按空格键确认

注意：输入上表中的命令修饰符时，大小写皆可以。

12.1.3　对象捕捉模式

对象捕捉也可以使用命令修饰符来操作。当命令行提示"指定点"时，可以用表 12.2 中的命令修饰符进行对象捕捉。这些命令修饰符还可以用于 Cal 命令的运算，相关内容在本章下一节中会介绍。

表 12.2　对象捕捉模式的命令修饰符

对象捕捉模式	命令修饰符
端点	END
中点	MID
圆心	CEN
几何中心	GCE
节点	NOD
象限点	QUA
交点	INT
延长线	EXT
插入点	INS
垂足	PER
切点	TAN
最近点	NER
平行线	PAR
不捕捉	NON

注意：当命令行提示"指定点"时，可以输入上表中的命令修饰符（不区分大小写），按空格键后再去捕捉相应的点。

12.2　透　明　命　令

"中间命令"分为"命令修饰符"与"透明命令"。这两者的区别是："命令修饰符"只能当"中间命令"用（即在主命令执行的中间发出）；而"透明命令"既可以当"中间命令"

用，又可以作为主命令执行。

发出透明命令的方法：在主命令执行过程中输入透明命令（'），进入透明命令模式，命令行会出现"<<"，透明命令结束后"<<"会消失，如图 12.4 所示。图中的 Enter 指按 Enter 键。

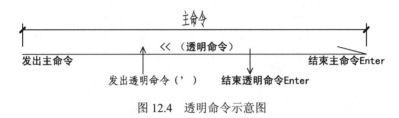

图 12.4　透明命令示意图

12.2.1　AutoCAD 的运算——将 Cal 命令用于透明命令

打开学习卡片 I04，本节的全部操作都基于该卡片完成。

1. 获取半径

绘制一个圆，圆心就是圆弧①的圆心，半径为圆弧①半径的 2/3，如图 12.5 所示。

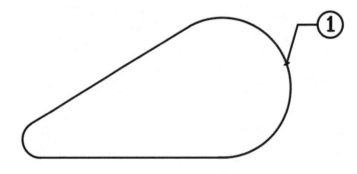

图 12.5　获取半径

直接输入圆命令 Circle（缩写 C，不区分大小写）并按空格键，命令行提示"指定圆的圆心"，捕捉圆弧①的圆心为新圆的圆心，命令行提示"指定圆的半径"，输入'Cal（不区分大小写）并按空格键，命令行提示">>>> 表达式"，输入 2/3*rad 并按空格键，命令行提示">>>> 给函数 RAD 选择圆、圆弧或多段线"，选择圆弧①完成操作。完成之后会生成一个题目要求绘制的新圆，如图 12.6 所示。

🔔注意：命令行中出现">>>>"表明进入了透明命令模式。表达式"2/3*rad"表示半径为指定对象半径的 2/3。

2. 捕捉模式

绘制一条直线，起点为直线（图中②处）的中点，终点为三角形（图中③处）的质心，如图 12.7 所示。

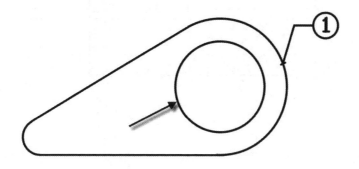

图 12.6　生成了一个新圆

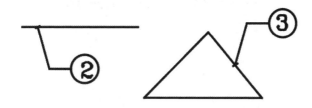

图 12.7　捕捉模式

直接输入直线命令 Line（缩写 L，不区分大小写）并按空格键，命令行提示"指定第一个点"，捕捉直线（图中②处）的中点作为起点，命令行提示"指定下一点"，输入'Cal 并按空格键，命令行提示">>>> 表达式"，输入(end+end+end)/3 并按空格键，命令行提示">>>> 选择图元用于 END 捕捉"，依次选择三角形的三个端点。完成操作后会生成一条题目要求绘制的新直线，如图 12.8 所示。

注意：表达式"(end+end+end)/3"中"end"是端点的捕捉的命令修饰符（相关内容在12.1 节中介绍过），"(end+end+end)/3"表示捕捉的三个端点连线生成三角形的中心，即质心。

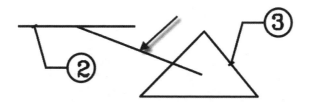

图 12.8　生成了一条新直线

12.2.2　透明命令的使用

打开学习卡片 I05，绘制如图 12.9 所示的门（图中①处）和窗（图中②处）。

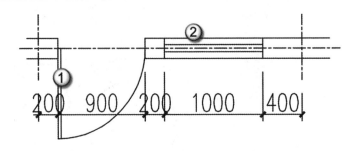

图 12.9　绘制门窗

（1）绘制墙线。直接输入直线命令 Line 并按空格键，命令行提示"指定第一个点"，输入'Cal 并按空格键，命令行提示"＞＞＞＞ 表达式"，输入 int+[200,]并按空格键，命令行提示"＞＞＞＞ 选择图元用于 INT 捕捉"，捕捉图中①处的交点，直线的起点会自动移动到图中②处的位置，然后再捕捉图中③处的垂足点，如图 12.10 所示。完成之后如图 12.11 所示。

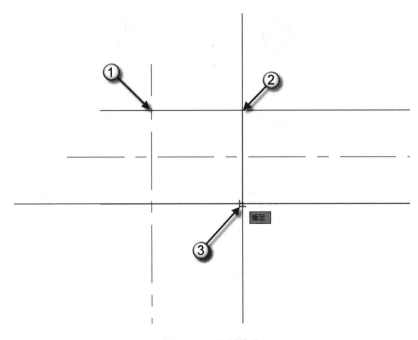

图 12.10　绘制墙线

注意：表达式"int+[200,]"中的"int"是捕捉交点的命令修饰符（这一内容在 12.1 中介绍了），方括号中逗号前面的数值表示向 X 方向移动的距离，逗号后面的数值表示向 Y 方向移动的距离，正值表示向正方向移动，负值表示向负方向移动。此处逗号后面没有数值，逗号前面为 200，表示向 X 正方向移动 200mm。

（2）偏移墙线。直接输入偏移命令 Offset（缩写 O，不区分大小写）并按空格键，命令行提示"指定偏移距离"，输入 900 并按空格键，命令行提示"选择要偏移的对象"，选择上一步绘制好的墙线（图中①处），命令行提示"指定要偏移的那一侧上的点"，向右移动光标并在空白处单击，会生成一条新的墙线（图中③处），如图 12.12 所示。按空格键完成操作。

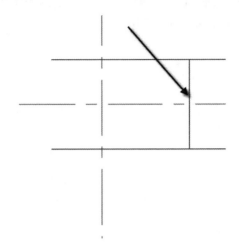

图 12.11 完成墙线的绘制

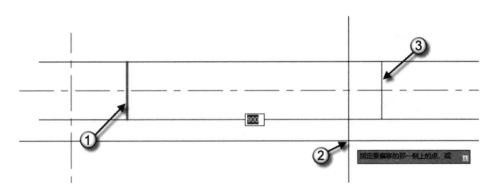

图 12.12 偏移墙线

（3）裁剪墙线。直接输入裁剪命令 Trim（缩写 TR，不区分大小写）并按两次空格键，命令行提示"选择要修剪的对象"，选择图中箭头所指的墙线，如图 12.13 所示。

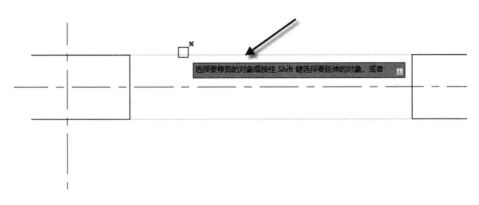

图 12.13 裁剪墙线

（4）绘制门板。使用"直线"命令绘制一个 900×40（900 是门宽，40 是门板厚度，单位为 mm）的矩形（图中①处），这个矩形就是门板，使用"圆弧"命令中的"圆心，起点，端点法"绘制门开启轨迹，圆心为图中②处，起点为图中③处，端点为图中④处，如图 12.14 所示。绘制完成之后如图 12.15 所示。

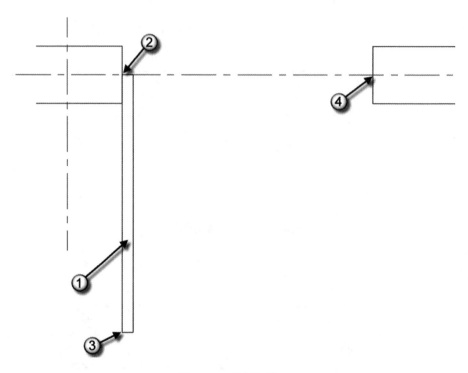

图 12.14　绘制门板

窗的绘制方法与门类似，此处不再赘述。

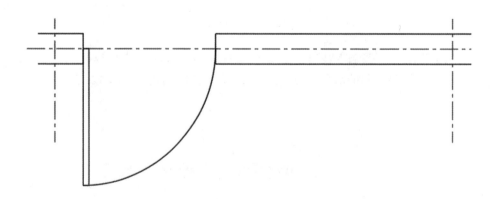

图 12.15　绘制门开启轨迹

第13章 快速作图

本章主要介绍两大类别的作图模式：拖曳和无辅助线定位模式。

13.1 拖 曳

打开学习卡片 A07，本节的全部操作都基于该卡片完成。可以看到在卡片 A07 中有四组对象：一个矩形（图中①处），一个圆形（图中②处），一个五角星（一个图块）（图中③处），一个阀门（6 条直线）（图中④处），如图 13.1 所示。

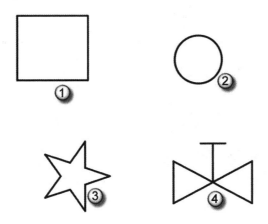

图 13.1 四组对象

13.1.1 拖曳移动

单击选择矩形，如图 13.2 所示。按住鼠标左键拖曳这个对象可以达到移动的效果，如图 13.3 所示。

单击选择圆形，如图 13.4 所示。按住鼠标左键拖曳这个对象可以达到移动的效果，如图 13.5 所示。

单击选择五角星，这是一个图块，是一个复合对象，可以单击选择，如图 13.6 所示。按住鼠标左键拖曳这个对象可以达到移动的效果，如图 13.7 所示。

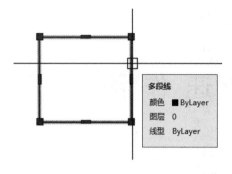

图 13.2 选择矩形

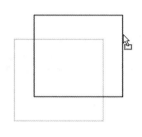

图 13.3 拖曳移动矩形

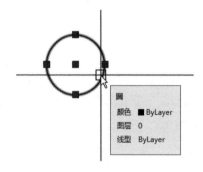

图 13.4 选择圆形

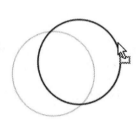

图 13.5 拖曳移动圆形

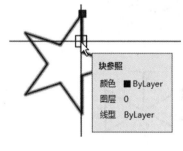

图 13.6 选择五星角

图 13.7 拖曳移动五角形

阀门是 6 条直线，是 6 个对象，不能单击选择，要用框选选择，如图 13.8 所示。按住鼠标左键拖曳这个对象可以达到移动的效果，如图 13.9 所示。

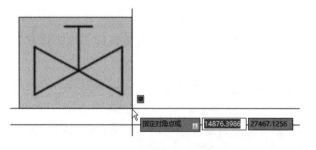

图 13.8 选择阀门

图 13.9 移动阀门

13.1.2 拖曳复制

单击选择矩形，按住鼠标左键拖曳这个对象，当看到图形对象在移动时再按住键盘的 Ctrl 键，光标旁边会出现+号，这表明此时处于复制模式，如图 13.10 所示。依次松开鼠标左键与 Ctrl 键，会复制出一个新的矩形。

注意：这里的操作一定是看到图形对象在移动时再按住 Ctrl 键。如果先按住 Ctrl 键，再按住鼠标左键，是无法拖曳复制的。

单击选择圆形，按住鼠标左键拖曳这个对象，当看到图形对象在移动时再按住键盘的 Ctrl 键，光标旁边会出现+号，这表明此时处于复制模式，如图 13.11 所示。依次松开鼠标左键与 Ctrl 键，会复制出一个新的矩形。

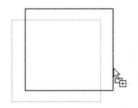

图 13.10　拖曳复制矩形　　　　图 13.11　拖曳复制圆形

单击选择五角星，按住鼠标左键拖曳这个对象，当看到图形对象在移动时再按住键盘的 Ctrl 键，光标旁边会出现+号，这表明此时处于复制模式，如图 13.12 所示。依次松开鼠标左键与 Ctrl 键，会复制出一个新的五角星。

拉框选择阀门，按住鼠标左键拖曳这个对象，当看到图形对象在移动时再按住键盘的 Ctrl 键，光标旁边会出现+号，这表明此时处于复制模式，如图 13.13 所示。依次松开鼠标左键与 Ctrl 键，会复制出一个新的阀门。

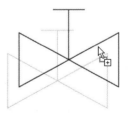

图 13.12　拖曳复制五角星　　　　图 13.13　拖曳复制阀门

注意：拖曳移动、拖曳复制这样的方法优点是不用输入命令，操作简便。缺点是不能精确地移动（不能向某个方向移动指定的长度）。要精确地移动需要使用"移动"命令。

13.2 无辅助线定位模式

本章介绍的方法都可以使用绘制辅助线来替代，但是绘制辅助线会降低作图效率。所以，设计人员在使用 AutoCAD 绘图时，尽量不要绘制辅助线，而应多使用本节介绍的方法，即"无辅助线定位模式"。

13.2.1 临时点

打开学习卡片 I04，本节的全部操作都基于此卡片完成。临时点分为两种：临时对象追踪点（绿色十字点），临时捕捉交点（绿色或黑色的×形状点）。

1．临时对象追踪点

AutoCAD 在操作中形成的绿色的十字点（图中①④处）是临时对象追踪点，如果打开"对象追踪"功能（快捷键为 F11），在移动光标时会在这个点处形成水平（图中②⑤处）与垂直（图中③⑥处）各一条追踪轴，也会在两个临时对象追踪点的连线处形成一条追踪轴（图中⑦处），以方便作图时的对位，如图 13.14 所示。

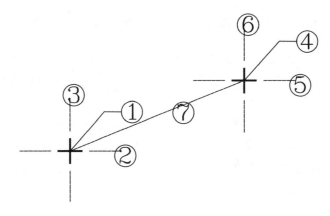

图 13.14　临时对象追踪点与追踪轴

去掉临时对象追踪点的方法有以下两种：

（1）去掉一个临时对象追踪点。将光标移动到需要去掉的临时对象追踪点上即可去掉。

（2）去掉所有的临时对象追踪点。平移视图（按住鼠标中键并移动光标）或缩放视图（滚动鼠标滚轮）。

2．临时捕捉交点

在使用"对象追踪"功能（快捷键为 F11）时，形成的追踪轴（图中的虚线）会与对象相交，追踪轴与追踪轴也会相交，相交形成的点就是"临时捕捉交点"，形状为×形（图中①②处），如图 13.15 所示。

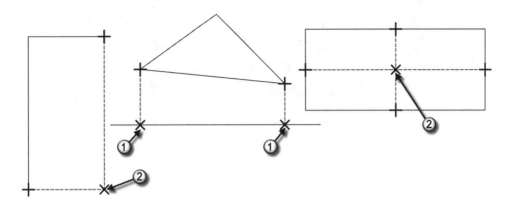

图 13.15　临时捕捉交点

注意: 临时捕捉交点的外形都是×形,但在颜色上有区别。当追踪轴与对象相交时,临时捕捉点在对象上,此时为黑色(图 13.15 中①处)。当追踪轴与追踪轴相交时,临时捕捉点不在对象上,此时为绿色(图 13.15 中②处)。

13.2.2　临时对象追踪点 TT

临时对象追踪点的作用是增加一系列的临时点,以方便捕捉与对位。临时对象追踪点的命令是 TT,不区分大小写。

打开学习卡片 A02,此处用两个例子说明临时对象追踪点的使用方法。

1. 例1

绘制如图 13.16 所示的图形。要求不绘制辅助线,不用计算的方法得到未标注的尺寸。

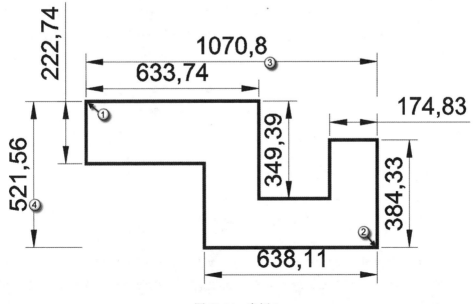

图 13.16　实例 1

（1）绘制 3 条直线。按 F8 键打开"正交"模式，使用"直线"命令以①处的点为起点绘制出 3 条直线。其中⑤处的直线的长度为 222.74mm，⑥处的直线的长度为 633.74mm，⑦处的直线的长度为 349.39mm，如图 13.17 所示。再接着绘图，如果不使用"临时对象追踪点"的方法，则要么画辅助线，要么需要计算出未标注的线段长度。

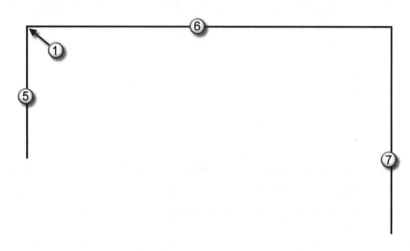

图 13.17　绘制 3 条直线

此处的关键是定位图 13.16 中②处的点。在图 13.16 中，①点与②点之间 X 方向的距离是 1070.8mm（图中③处的标注），Y 方向的距离是 521.56mm（图中④处的标注）。

（2）指定临时对象追踪点。直接输入直线命令 Line（缩写 L，不区分大小写）并按空格键，命令行提示"指定第一个点"，把光标放在①处的点上约 2 秒钟直至出现绿色的临时追踪点，然后向右水平移动光标，输入 TT 并按空格键，命令行提示"指定临时对象追踪点"，输入 1070.8，如图 13.18 所示。按"空格"键之后会生成一个绿色的临时对象追踪点（图中⑧处），如图 13.19 所示。再把光标放在①处的点上约 2 秒钟直至出现绿色的临时追踪点，然后向下垂直移动光标，输入 TT 并按空格键，命令行提示"指定临时对象追踪点"，输入 521.56，如图 13.20 所示。按空格键之后会生成一个绿色的临时对象追踪点（图中⑨处），如图 13.21 所示。

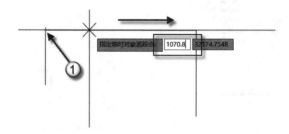

图 13.18　指定临时对象追踪点 1

注意：在这一步骤中，鼠标的左键、右键和中键（即滚轮）都不能单击，否则便不能生成临时对象追踪点。这一步骤的关键就是生成两个临时对象追踪点（⑧⑨两个点）。

图 13.19　生成临时对象追踪点 1

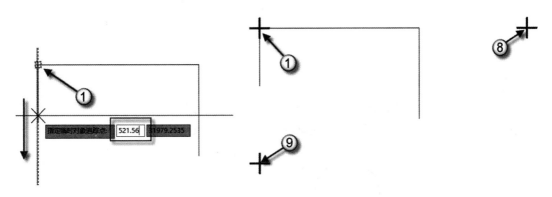

图 13.20　指定临时对象追踪点 2　　　　　图 13.21　生成临时对象追踪点 2

（3）把光标移动至⑧点的垂直追踪轴与⑨点的水平追踪轴的交点处，这里会形成一个临时捕捉交点（图中②处），如图 13.22 所示。单击鼠标左键，向左水平移动光标，绘制一条长度为 638.11mm 的直线（图中⑩处），并用"追踪"的方法绘制箭头所指的两条直线，如图 13.23 所示。

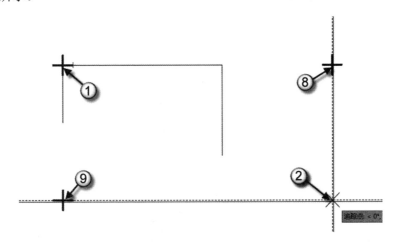

图 13.22　形成临时捕捉交点

从②处的点开始垂直向上绘制直线，然后完成整个图形。由于方法相同，此处不再赘述。本例的难点是如何捕捉②处的临时捕捉交点。

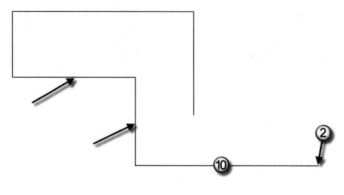

图 13.23　绘制直线

2．例2

绘制一条如图 13.24 所示的直线，直线的起点为圆的圆心，直线的终点为 AB 与 CD 的交点。注意不要绘制辅助线，也不用计算的方法得到未标注的尺寸。

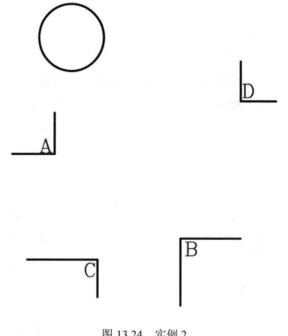

图 13.24　实例 2

（1）发出"直线"命令。直接输入直线命令 Line（缩写 L，不区分大小写）并按空格键，命令行提示"指定第一个点"，捕捉圆的圆心，然后向下移动光标，如图 13.25 所示。

（2）指定临时对象追踪点。命令行提示"指定下一点"，输入 TT 并按空格键，命令行提示"指定临时对象追踪点"，将光标放在 A 处的端点大约 2 秒钟，不要单击鼠标任何键，如图 13.26 所示。

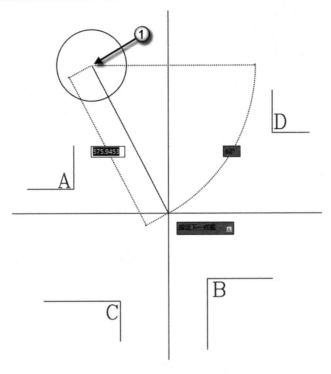

图 13.25　发出"直线"命令

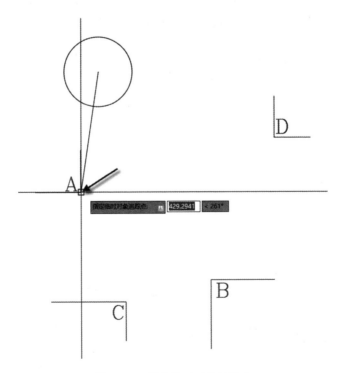

图 13.26　指定临时对象追踪点

　　这时会在 A 处生成一个绿色的"临时对象追踪点"，使用同样的方法在 B、C、D 处都生成一个绿色的"临时对象追踪点"，如图 13.27 所示。

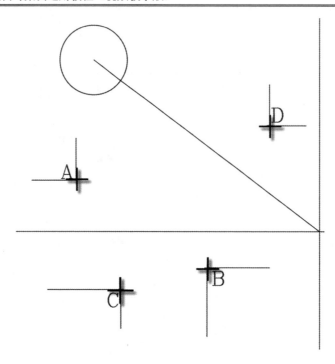

图 13.27　生成"临时对象追踪点"

（3）捕捉"临时捕捉交点"。移动光标至 AB 与 CD 两条追踪轴的大致交汇处会形成一个临时捕捉交点（图中②处），单击鼠标左键完成直线的绘制，如图 13.28 所示。

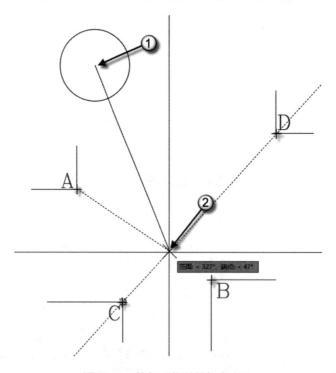

图 13.28　捕捉"临时捕捉交点"

13.2.3　捕捉自

捕捉自命令 From（缩写为 Fro，不区分大小写）也是一种"命令修饰符"，即在主命令执行过程中才能发出。作用是在对象捕捉时建立一个临时参照的基点，从此基点偏移一定的距离就是正式点。

打开学习卡片 A04，可以看到里面有两个矩形，如图 13.29 所示。本节将介绍使用"移动"命令和"捕捉自"命令将带 45°斜线的矩形移动至图 13.30 与图 13.31 的位置。

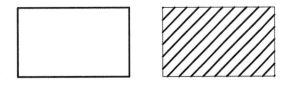

图 13.29　移动前的两个矩形

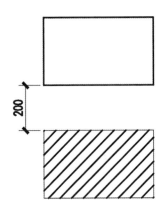

图 13.30　移动后的两个矩形 1

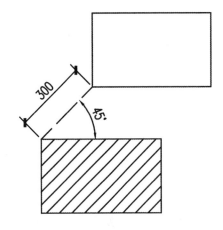

图 13.31　移动后的两个矩形 2

（1）直接输入移动命令 Move（缩写 M，不区分大小写）并按空格键，命令行提示"选择对象"，选择带 45°斜线的矩形，命令行提示"指定基点"，单击②处的端点作为移动基点，如图 13.32 所示。命令行提示"指定第二个点"，输入 Fro 并按空格键，命令行提示"基点"，单击①处的点作为捕捉自的基点，垂直向下移动光标，命令行提示"<偏移>"，输入 200 并按"空格"键完成操作，如图 13.33 所示。

（2）直接输入极轴设置命令 DSettings（缩写 DS，不区分大小写）并按空格键，在弹出的"草图设置"对话框中选择"极轴追踪"选项卡，勾选"启用极轴追踪"复选框，切换"增量角"为 45，去掉"附加角"复选框的勾选，单击"确定"按钮，如图 13.34 所示。直接输入移动命令 Move（缩写 M，不区分大小写）并按空格键，命令行提示"选择对象"，选择带 45°斜线的矩形，命令行提示"指定基点"，单击②处的端点作为移动基点，如图 13.35 所示。命令行提示"指定第二个点"，输入 Fro 并按空格键，命令行提示"基点"，单击①处的点作为捕捉自的基点，沿着 45°极轴移动光标，命令行提示"<偏移>"，输入 300

并按空格键完成操作，如图 13.36 所示。

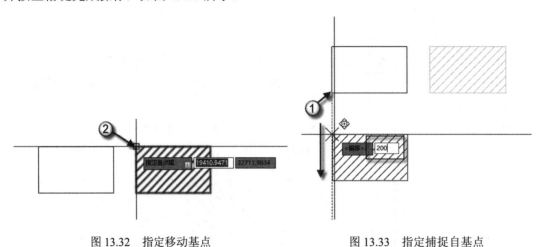

图 13.32　指定移动基点　　　　　　　　　　　图 13.33　指定捕捉自基点

注意：此处之所以要设置极轴，是因为要沿着 45° 的角度移动。

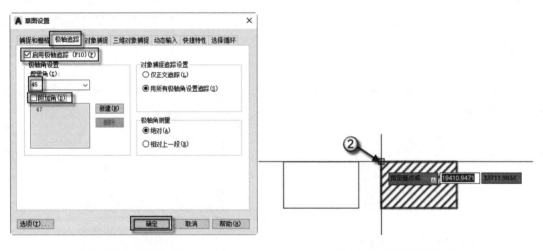

图 13.34　设置极轴　　　　　　　　　　　　　图 13.35　指定移动基点

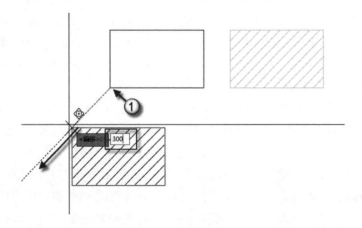

图 13.36　指定捕捉自基点

13.2.4　对象追踪点

对象追踪点（命令为 TK，不区分大小写）也是一种"命令修饰符"，即在主命令执行过程中才能发出。作用是在对象捕捉时建立一系列的临时参照的基点，从此基点偏移一定的距离就是正式点。

打开学习卡片 A05，此处用两个例子说明对象追踪点的使用方法。

1．例1

在不绘制辅助线的情况下画出如图 13.37 所示的图形。画这个图的关键是③处点的定位，即怎么从①处的点定位到③处。这便需要用到"对象追踪点"的功能。

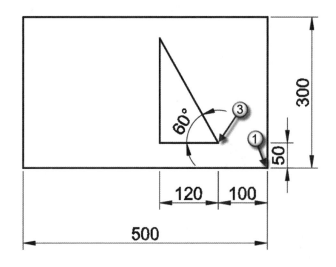

图 13.37　例 1

（1）使用"矩形"命令绘制出一个 500mm×300mm 的矩形。

（2）绘制三角形的一条直角边。直接输入直线命令 Line（缩写 L，不区分大小写）并按空格键，命令行提示"指定第一个点"，输入 TK 并按空格键，命令行提示"第一个追踪点"，单击①处的端点，命令行提示"下一点"，水平向左移动光标，输入 100 并按空格键会自动生成②处的追踪点。命令行提示"下一点"，垂直向上移动光标，输入 50 并按"空格键"，如图 13.38 所示。命令行提示"下一点"，按空格键结束追踪，十字光标的中心会自动移动至③处，向左水平移动光标，输入 120 并按空格键，绘制出一条直线（图中④处），如图 13.39 所示。

（3）设置极轴。直接输入极轴设置命令 DSettings（缩写 DS，不区分大小写）并按空格键，在弹出的"草图设置"对话框中选择"极轴追踪"选项卡，勾选"启用极轴追踪"复选框，切换"增量角"为 60，去掉"附加角"复选框的勾选，单击"确定"按钮，如图 13.40 所示。

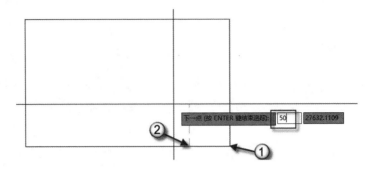

图 13.38 设置追踪点

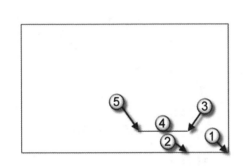

图 13.39 绘制三角形的一条直角边　　　　　　　　图 13.40 设置极轴

（4）绘制三角形的斜边。直接输入直线命令 Line（缩写 L，不区分大小写）并按空格键，命令行提示"指定第一个点"，单击③处的端点为起点，沿 60° 极轴移动光标，直至出现⑥处的临时捕捉交点，如图 13.41 所示。再绘制一条直线，连接⑤⑥两个端点，完成操作。

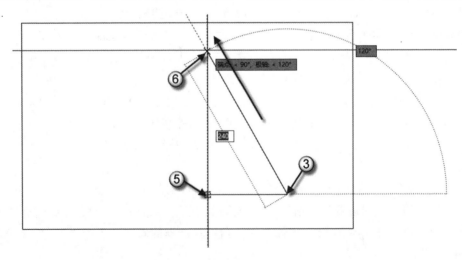

图 13.41 绘制三角形的斜边

2．例2

使用圆弧命令用三个点的方法一笔绘制出图 13.42 中的圆弧。这个例子的关键是用"对象追踪点"的方法从①②③三个已知点追踪到④⑤⑥三个未知点。

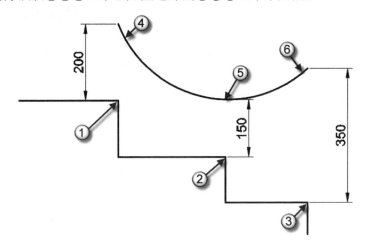

图 13.42　绘制圆弧

直接输入圆弧命令 Arc（缩写 A，不区分大小写）并按空格键，命令行提示"指定圆弧的起点"，输入 TK 并按空格键，命令行提示"第一个追踪点"，单击①处的端点并垂直向上移动光标，命令行提示"下一点"，输入 200 并按两次空格键，如图 13.43 所示。这样就从①处的点追踪到④处的点。命令行提示"指定圆弧的起点"，输入 TK 并按空格键，命令行提示"第一

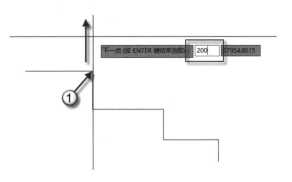

图 13.43　第一个追踪点

个追踪点"，单击②处的端点并垂直向上移动光标，命令行提示"下一点"，输入 150 并按两次空格键，如图 13.44 所示。这样就从②处的点追踪到⑤处的点。命令行提示"指定圆弧的起点"，输入 TK 并按空格键，命令行提示"第一个追踪点"，单击③处的端点并垂直向上移动光标，命令行提示"下一点"，输入 350 并按两次空格键，如图 13.45 所示。这样就从③处的点追踪到⑥处的点。完成之后的图形如图 13.46 所示。

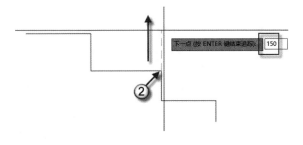

图 13.44　第二个追踪点

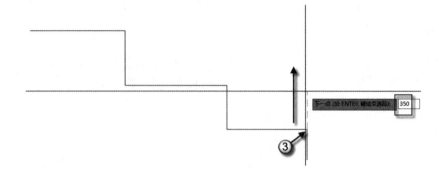

图 13.45　第三个追踪点

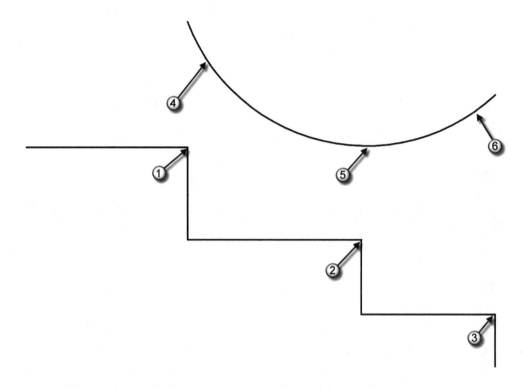

图 13.46　一笔画出的圆弧

🔔**注意：** 捕捉自（Fro）与对象追踪点（TK）功能相似，但是也有一些区别。捕捉自可以沿着有角度的极轴移动，而对象追踪点只能沿着正交轴移动。捕捉自只能输入一次偏移值，而对象追踪点可以输入多次偏移值（在例 1 中，为了定位到③处的点，从①处的点开始输入了两次偏移值）。

第14章 绘制棘轮机构

棘轮机构是由棘轮和棘爪组成的一种单向间歇运动机构。棘轮机构常用在各种机床和自动机中间歇送进或回转工作台的转位上，也常用在千斤顶上。在自行车中，棘轮机构用于单向驱动；在手动绞车中，棘轮机构常用以防止逆转。

14.1 棘 轮

棘轮是组成棘轮机构的主要构件。弹簧迫使止动爪和棘轮保持接触。其中，摇杆空套在棘轮轴上，棘爪装在摇杆上，而棘轮则用键固联在从动轴上。

14.1.1 绘制大体框架

本节将介绍如何绘制如图 14.1 所示的棘轮的大体框架。

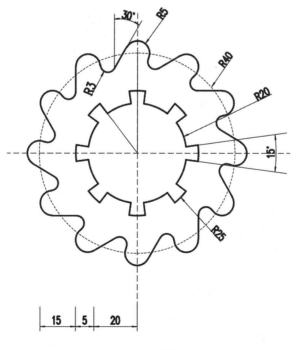

图 14.1 棘轮

（1）使用"圆"命令绘制一个半径为 20mm 的圆，如图 14.2 所示。

（2）使用"偏移"命令将上一步绘制好的圆向外偏移 5mm，生成一个新圆，如图 14.3 所示。

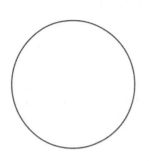 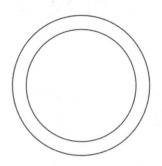

图 14.2　绘制半径为 20mm 的圆　　　　　　图 14.3　偏移 5mm，生成一个新圆

（3）再次使用"偏移"命令将上一步绘制好的圆，向外偏移 15mm，生成另一个新圆，如图 14.4 所示。这三个同心圆，从内向外半径依次是 20mm、25mm、40mm。

（4）绘制一条辅助线。使用"直线"命令连接圆心点（图中①处）与最大圆的一个象限点（图中②处），如图 14.5 所示。

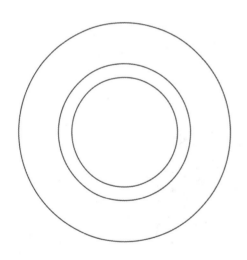 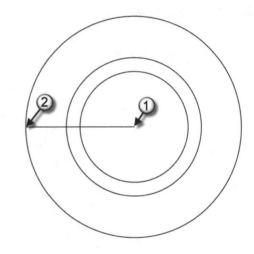

图 14.4　偏移 15mm，生成另一个新圆　　　　图 14.5　绘制一条辅助线

14.1.2　绘制棘轮

本节将详细地介绍绘制棘轮的全部过程。

（1）绘制一条直线。使用"直线"命令连接圆心点（图中①处）与中间圆的一个象限点（图中③处），如图 14.6 所示。

（2）复制并旋转直线 15°。直接输入旋转命令 Rotate（缩写 RO，不区分大小写）并按空格键，命令行提示"选择对象"，选择上一步绘制好的直线并按空格键，命令行提示"指

定基点"，单击捕捉圆心点（图中①处），命令行提示"指定旋转角度"，输入 C 并按空格
键进入旋转复制状态，命令行提示"指定旋转角度"，输入 15 并按空格键，操作完成后如
图 14.7 所示。

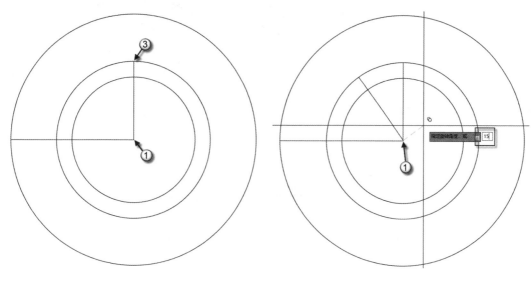

图 14.6　绘制一条直线　　　　　　　　　　图 14.7　复制并旋转直线 15°

（3）把直线旋转-7.5 度并使之对正。直接输入旋转命令 Rotate 并按空格键，命令行提
示"选择对象"，选择上两步绘制好的两条直线并按空格键，命令行提示"指定基点"，单
击捕捉圆心点（图中①处），命令行提示"指定旋转角度"，输入-7.5 并按空格键，如图 14.8
所示。操作完成之后，可以看到两条直线对正了，如图 14.9 所示。

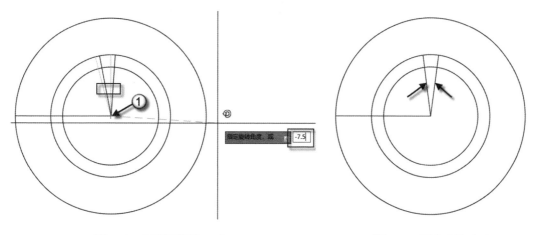

图 14.8　把直线旋转-7.5°　　　　　　　　图 14.9　两条直线对正

（4）旋转并复制直线。直接输入旋转命令 Rotate 并按空格键，命令行提示"选择对象"，
选择④处的直线并按空格键，命令行提示"指定基点"，单击捕捉圆心点（图中①处），命
令行提示"指定旋转角度"，输入 C 并按"空格"键进入旋转复制状态。命令行提示"指
定旋转角度"，输入'Cal 并按空格键，使用透明命令计算旋转角度，命令行提示">>>> 表

达式"，输入 360/8 并按"空格"键会生成一条新的直线（图中箭头处），如图 14.10 所示。

（5）裁剪对象。使用"裁剪"命令裁剪成如图 14.11 所示的样式。

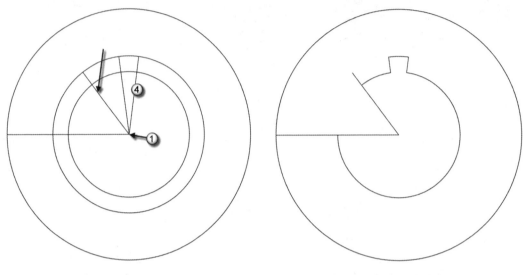

图 14.10　旋转并复制直线 　　　　　　　　　　　　图 14.11　裁剪对象

（6）删除对象。使用"删除"命令删除多余对象成如图 14.12 所示的样式。

（7）阵列对象。直接输入阵列命令 Array（缩写 AR，不区分大小写）并按空格键，命令行提示"选择对象"，选择箭头所指的 4 条线，命令行提示"输入阵列类型 [矩形(R)/路径(PA)/极轴(PO)] <矩形>"，输入 PO 并按空格键，命令行提示"指定阵列中心点"，单击圆心点（图中①处），命令行提示"选择夹点以编辑阵列"，输入 I 并按空格键，命令行提示"输入阵列中的项目数"，输入 8 并按空格键，完成之后如图 14.13 所示。

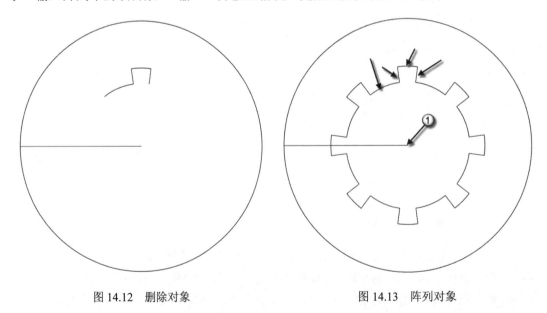

图 14.12　删除对象 　　　　　　　　　　　　图 14.13　阵列对象

（8）绘制一个圆。使用"圆"命令以②处的端点为圆心绘制一个半径为 5mm 的圆（图中箭头所指处），如图 14.14 所示。

（9）偏移直线。使用"偏移"命令将箭头所指处的直线向下偏移 5mm 生成一条新的直线（图中⑤处），如图 14.15 所示。

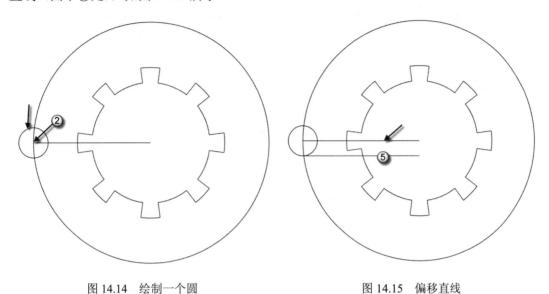

图 14.14　绘制一个圆　　　　　　　　　　图 14.15　偏移直线

（10）旋转对象。使用"旋转"命令将⑤处的直线与⑥处的圆以②处的点为旋转基点旋转-30°，如图 14.16 所示。

（11）旋转并复制对象。直接输入旋转命令 Rotate（缩写 RO，不区分大小写）并按空格键，命令行提示"选择对象"，选择⑤处的直线与⑥处的圆并按空格键，命令行提示"指定基点"，单击捕捉圆心点（图中①处），命令行提示"指定旋转角度"，输入 C 并按空格键进入旋转复制状态，命令行提示"指定旋转角度"，输入'Cal 并按空格键，使用透明命令计算旋转角度，命令行提示">>>> 表达式"，输入 360/12 并按空格键会生成一组新的对象，如图 14.17 所示。

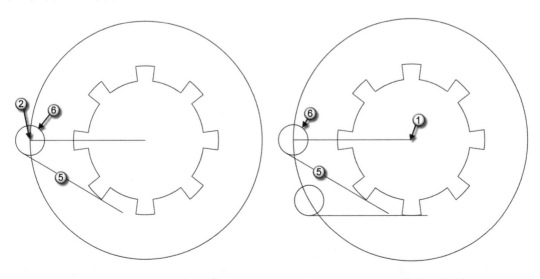

图 14.16　旋转对象　　　　　　　　　　　图 14.17　旋转并复制对象

（12）圆角操作。直接输入圆角命令 Fillet（缩写 F，不区分大小写）并按空格键，命令行提示"选择第一个对象"，输入 R 并按空格键，命令行提示"指定圆角半径"，输入 3 并按"空格"键，命令行提示"选择第一个对象"，选择⑦处的圆，命令行提示"选择第二个对象"，选择⑤处的直线，如图 14.18 所示。操作完成之后如图 14.19 所示。

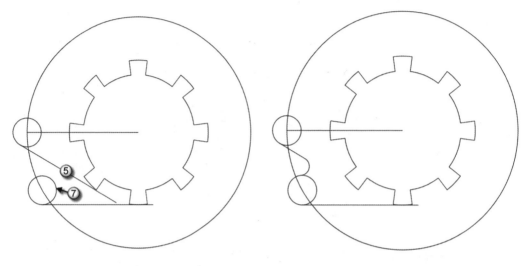

图 14.18　选择两个对象　　　　　　　　　　图 14.19　圆角操作

（13）裁剪对象。使用"裁剪"命令以⑧处的直线与⑨处的弧为边界裁剪⑩处的对象，如图 14.20 所示。裁剪完成之后如图 14.21 所示。继续使用"裁剪"命令以图中最大的圆为边界，裁剪之后如图 14.22 所示。使用"删除"命令删除多余对象，保留框中的对象，操作完成之后如图 14.23 所示。

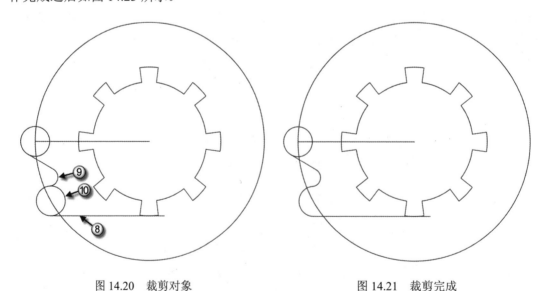

图 14.20　裁剪对象　　　　　　　　　　　图 14.21　裁剪完成

（14）阵列对象。直接输入阵列命令 Array（缩写 AR，不区分大小写）并按空格键，命令行提示"选择对象"，选择方框中的对象，命令行提示"输入阵列类型 [矩形(R)/路径

(PA)/极轴(PO)] <矩形>"输入 PO 并按空格键，命令行提示"指定阵列中心点"，单击圆心点（图中①处），命令行提示"选择夹点以编辑阵列"，输入 I 并按空格键，命令行提示"输入阵列中的项目数"，输入 12 并按空格键，完成之后如图 14.24 所示。

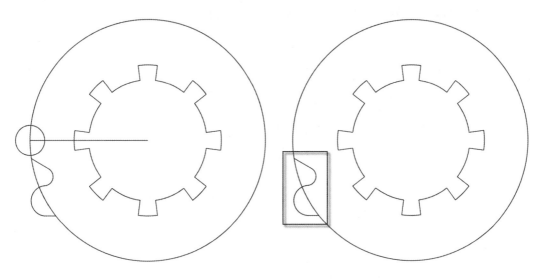

图 14.22　继续裁剪　　　　　　　　　图 14.23　删除多余对象

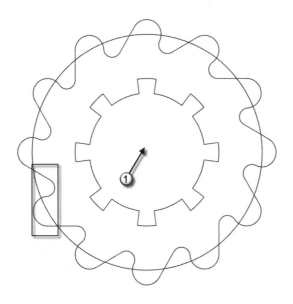

图 14.24　阵列对象

14.2　棘　爪

棘爪是用以卡住棘轮，让棘轮进行单向运动，逆向锁死的结构零件。棘爪由连杆带动做往复运动，从而带动棘轮做单向运动。

14.2.1 绘制大体框架

本节将介绍如何绘制如图 14.25 所示的棘爪的大体框架。

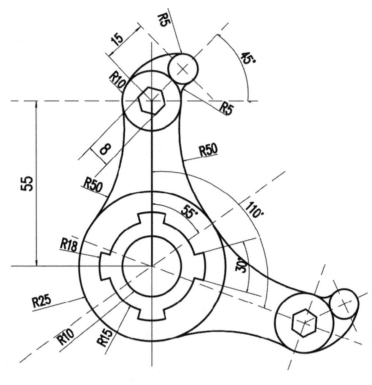

图 14.25 棘爪

（1）绘制 4 个同心圆。使用"圆"命令绘制 4 个同心圆，半径依次是 10mm、15mm、18mm、25mm，如图 14.26 所示。

（2）设置极轴。直接输入极轴设置命令 DSettings（缩写 DS，不区分大小写）并按空格键，在弹出的"草图设置"对话框中选择"极轴追踪"选项卡，勾选"启用极轴追踪"复选框，切换"增量角"为 45，去掉"附加角"复选框的勾选，单击"确定"按钮，如图 14.27 所示。

（3）绘制两条辅助线。使用"直线"命令以圆心点（图中①处）为起点垂直向上绘制一条长为 55mm 的直线（图中②处），然后沿 45°极轴移动光标绘制一条长为 15mm 的直线（图中③处），如图 14.28 所示。

（4）绘制两个圆。使用"圆"命令以④处的点为圆心绘制一个半径为 10mm 的圆，以⑤处的点为圆心绘制一个半径为 5mm 的圆，如图 14.29 所示。

（5）旋转并复制直线。直接输入旋转命令 Rotate（缩写 RO，不区分大小写）并按空格键，命令行提示"选择对象"，选择②处的直线并按空格键，命令行提示"指定基点"，单击捕捉圆心点（图中①处），命令行提示"指定旋转角度"，输入 C 并按空格键进入旋转复制状态，命令行提示"指定旋转角度"，输入-55 并按空格键会生成一条新的直线（图中箭头所指处），如图 14.30 所示。这条新直线就是后面要介绍镜像操作时的镜像轴。

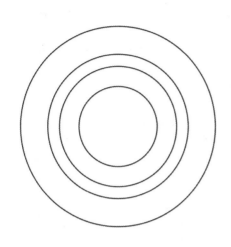

图 14.26　绘制 4 个同心圆　　　　　　　　　图 14.27　设置极轴

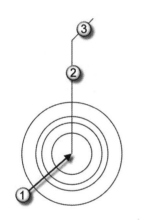

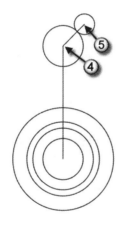

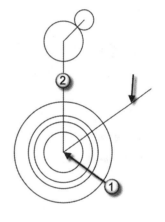

图 14.28　绘制两条辅助线　　　图 14.29　绘制两个圆　　　图 14.30　旋转并复制直线

14.2.2　绘制棘爪

本节将详细地介绍绘制棘轮的全部过程。

（1）绘制一条水平直线。使用"直线"命令，直线的起点是圆心点（图中①处），直线的终点是第三个圆的象限点（图中⑥处），这是一条水平方向的直线，如图 14.31 所示。

（2）旋转并复制直线。直接输入旋转命令 Rotate（缩写 RO，不区分大小写）并按空格键，命令行提示"选择对象"，选择上一步绘制的直线并按空格键，命令行提示"指定基点"，单击捕捉圆心点（图中①处），命令行提示"指定旋转角度"，输入 C 并按空格键进入旋转复制状态，命令行提示"指定旋转角度"，输入 30 并按空格键会生成一条新的直线（图中箭头所指处），如图 14.32 所示。

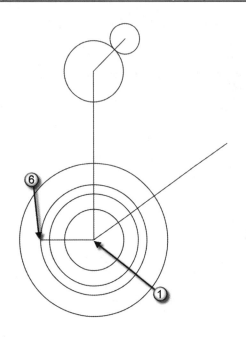

图 14.31　绘制一条直线

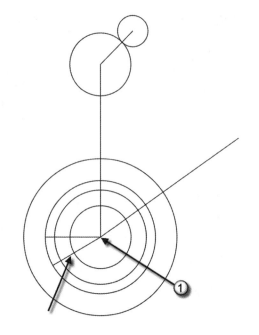

图 14.32　旋转并复制直线

（3）把直线旋转 15°并使之对正。直接输入旋转命令 Rotate 并按空格键，命令行提示"选择对象"，选择上两步绘制好的两条直线（图中箭头所指处）并按空格键，命令行提示"指定基点"，单击捕捉圆心点（图中①处），命令行提示"指定旋转角度"，输入 15 并按空格键，可以看到两条直线对正了，如图 14.33 所示。

（4）裁剪并删除多余的对象。使用"裁剪"与"删除"命令裁剪图形并删除多余的对象，完成之后如图 14.34 所示。

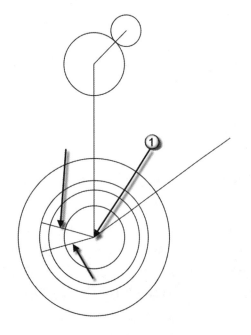

图 14.33　旋转并对正直线

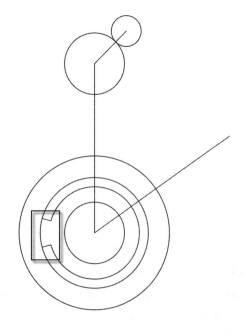

图 14.34　裁剪并删除对象

（5）阵列对象。直接输入阵列命令 Array（缩写 AR，不区分大小写）并按空格键，命令行提示"选择对象"，选择箭头所指的两条直线，命令行提示"输入阵列类型 [矩形(R)/路径(PA)/极轴(PO)] <矩形>"，输入 PO 并按空格键，命令行提示"指定阵列中心点"，单击圆心点（图中①处），命令行提示"选择夹点以编辑阵列"，输入 I 并按空格键，命令行提示"输入阵列中的项目数"，输入 4 并按空格键，如图 14.35 所示。

（6）裁剪对象。使用"裁剪"命令裁剪掉多余的图形，完成之后如图 14.36 所示。

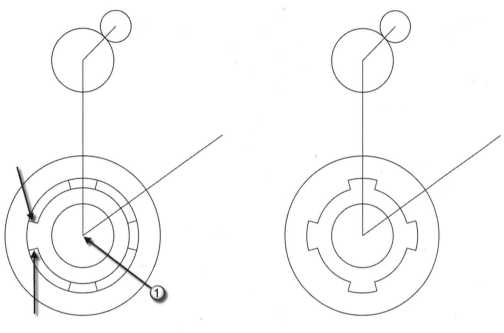

图 14.35　阵列对象　　　　　　　　　　　　图 14.36　裁剪对象

（7）绘制一个正六边形。直接输入多边形命令 Polygon（缩写 POL，不区分大小写）并按空格键，命令行提示"输入侧面数"，输入 6 并按空格键，命令行提示"指定正多边形的中心点"，单击④处的点为中心点，命令行提示"输入选项 [内接于圆(I)/外切于圆(C)] <I>"，输入 C 并按空格键，命令行提示"指定圆的半径"，输入 4 并按空格键，如图 14.37 所示。

（8）旋转对齐。使用"旋转命令"以④处的点为旋转基点将正六边形的一个顶点旋转至与直线对齐（图中箭头所指），如图 14.38 所示。

（9）对圆对象进行圆角。直接输入圆角命令 Fillet（缩写 F，不区分大小写）并按空格键，命令行提示"选择第一个对象"，输入 R 并按空格键，命令行提示"指定圆角半径"，输入 50 并按空格键，命令行提示"选择第一个对象"，选择⑦处的圆，命令行提示"选择第二个对象"，选择⑥处的圆，操作完成之后如图 14.39 所示。注意，在选择⑥⑦处的圆时，会有在左侧选与在右侧选两种选法，因此也会生成两段圆角（图中箭头所指处）。直接按空格键重复上一步的"圆角"命令，命令行提示"选择第一个对象"，输入 R 并按空格键，命令行提示"指定圆角半径"，输入 20 并按空格键，命令行提示"选择第一个对象"，选择⑦处的圆，命令行提示"选择第二个对象"，选择⑧处的圆，操作完成之后如图 14.40 所示。

直接按空格键重复上一步的"圆角"命令，命令行提示"选择第一个对象"，输入 R 并按空格键，命令行提示"指定圆角半径"，输入 5 并按空格键，命令行提示"选择第一个对象"，选择⑦处的圆，命令行提示"选择第二个对象"，选择⑧处的圆，操作完成之后如图 14.41 所示。

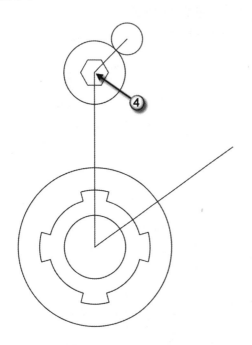

图 14.37　绘制正六边形

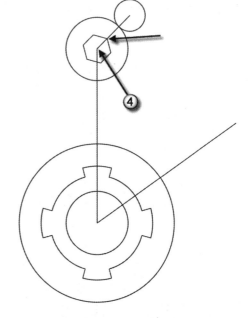

图 14.38　旋转对齐

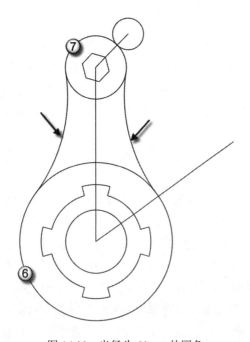

图 14.39　半径为 50mm 的圆角

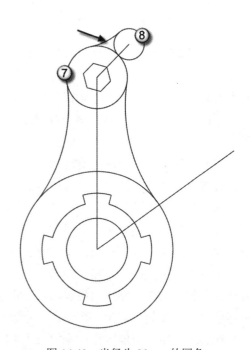

图 14.40　半径为 20mm 的圆角

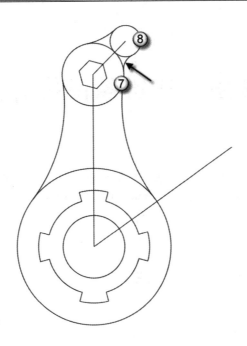

图 14.41　半径为 5mm 的圆角

（10）镜像对象。使用"镜像"命令用叉选的方式（从⑨到⑩拉框）选择对象，镜像轴是箭头所指的直线，镜像之后如图 14.42 所示。

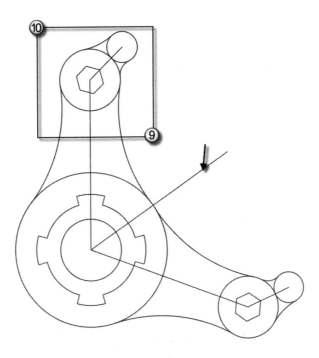

图 14.42　镜像对象

第 15 章 三维绘图操作入门

在机械设计时，建三维模型一般会用到 Solidworks；在建筑设计时，建三维模型一般会用到 SketchUp。AutoCAD 三维中的一些操作，如相对坐标系、用户坐标系等，是学习三维建模的基础。因此，本章将把读者从前面的二维作图慢慢地引入三维建模中。

15.1　坐　标　系

坐标的作用主要是定位点。这个功能在绘制规划图、测量图时经常会用到。在建筑设计、机械设计中绘制平面图时，则很少用到这个功能，所以，本书前面没有提及。此处介绍这个功能主要是为讲解三维操作进行铺垫。

15.1.1　绝对坐标与相对坐标

1. 绝对坐标

绝对坐标需要输入绝对的点坐标值 X、Y、Z 来定位，如果是平面图，只需输入 X、Y 即可。如图 15.1 所示，X—O—Y 组成了一个绝对坐标系，其中，A 点的绝对坐标值是（10，15），B 点的绝对坐标值是（15，18）。

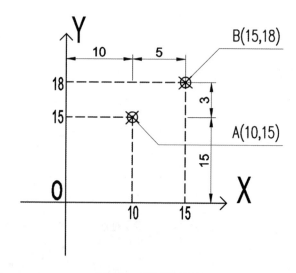

图 15.1　绝对坐标系

2．相对坐标

相对坐标在输入坐标前加上@，表示以上一个点为相对原点输入相对的坐标值。如图 15.2 所示，在上一张图的基础上增加了由 X'—O'—Y'组成的相对坐标系，其中，相对坐标的原点是（10，15），即 A 点。A 点的相对坐标值是（0，0），B 点的相对坐标值是（5，3）。

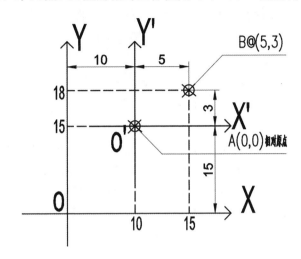

图 15.2　相对坐标系

3．使用相对坐标的方法画图

打开学习卡片 C02，这里以绘制一个 1200mm×900mm 的矩形为例说明使用相对坐标画图的方法。

直接输入矩形命令 Rectangle（缩写 REC，不区分大小写）并按空格键，命令行提示"指定第一个角点"，单击任意一个点（图中①处，这个点就是相对原点），命令行提示"指定第二个触点"，输入@1200，900 并按空格键会生成一个 1200mm×900mm 的矩形，如图 15.3 所示。

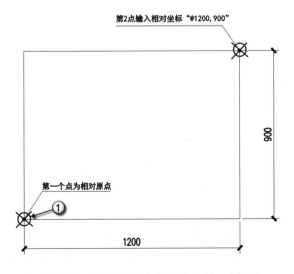

图 15.3　使用相对坐标的方法绘制一个矩形

15.1.2　世界坐标系与用户坐标系

AutoCAD 有两大坐标系统：世界坐标系与用户坐标系。

世界坐标系的英文是 World Coordinate System，简称 WCS。其坐标的原点和轴向是不变的。世界坐标系三维的图标如图 15.4 所示。在默认情况下，世界坐标系与用户坐标系皆是以三维图标显示的。

用户坐标系的英文是 User Coordinate System，简称 UCS。其坐标的原点和轴向可以根据设计人员的要求自行定义。

图 15.4　世界坐标系的三维图标

直接输入图标命令 Ucsicon（缩写为 UCS，不区分大小写）并按"空格"键，命令行提示"输入选项 [开(ON)/关(OFF)/全部(A)/非原点(N)/原点(OR)/可选(S)/特性(P)] <开>"，输入 P 并按"空格"键，在弹出的"UCS 图标"对话框中单击"二维"单选按钮，单击"确定"按钮，如图 15.5 所示。可以看到世界坐标系二维的图标如图 15.6 所示。

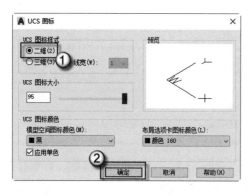

图 15.5　UCS 图标

图 15.6　世界坐标系的二维图标

打开学习卡片 C05，这里以一个斜轴为例说明定义用户坐标系的方法。可以看到卡片 C05 中的数字轴与字母轴成 90°相交，但是整个轴网的摆放与世界坐标系（图标为图中⑨处）有一定夹角，与十字光标也有一定的夹角（图中⑩处），如图 15.7 所示。

用默认的世界坐标系绘图会很不方便，因此需要定义用户坐标系。

（1）定义用户坐标系。直接输入定义用户坐标系命令 UCS（不区分大小写）并按空格键，命令行提示"指定 UCS 的原点"，单击 A 轴与 1 轴的交点为原点，命令行提示"指定 X 轴上的点"，单击 A 轴与 2 轴的交点，命令行提示"指定 XY 平面上的点"（实际上就是指定 Y 轴上的点），单击 1 轴与 B 轴的交点，可以看到坐标系图标由 WCS 图标变为 UCS 图标（图中⑨处），且与轴网对齐了，十字光标（图中⑩处）也与轴网对齐了，如图 15.8 所示。

（2）命名用户坐标系。直接按空格键重复上一步的 UCS 命令，命令行提示"指定 UCS 的原点"，输入 NA 并按空格键，命令行提示"输入选项 [恢复(R)/保存(S)/删除(D)/?]"，输入 S 并按空格键，命令行提示"输入保存当前 UCS 的名称"，输入 T 并按空格键。这样就把这个 UCS 命名为 T 了。

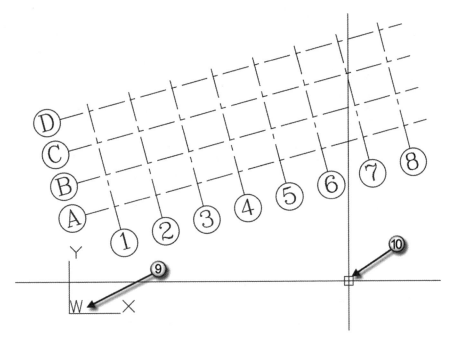

图 15.7　有一定夹角的轴网

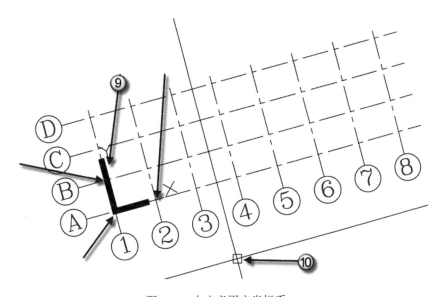

图 15.8　自定义用户坐标系

虽然这时的十字光标与轴网对齐了，但十字光标还是斜着的，这样操作起来不方便，还需要调整。

（3）切换坐标系。直接输入切换坐标系命令 Plan（不区分大小写）并按空格键，命令行提示"输入选项 [当前 UCS(C)/UCS(U)/世界(W)] <当前 UCS>"，输入 U 并按空格键，命令行提示"输入 UCS 名称或 [?]"输入 T 并按空格键，操作完成后如图 15.9 所示。

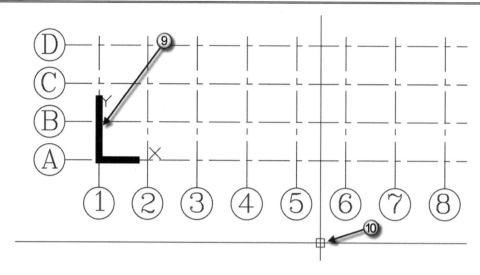

图 15.9　切换坐标系

这样操作最直观的感觉就是十字光标转"正"了。如果基准轴网与世界坐标系有一定的夹角，就需要定义用户坐标系以方便作图。当然，操作完之后要返回世界坐标系。

（4）返回世界坐标系。直接输入切换坐标系命令 Plan（不区分大小写）并按空格键，命令行提示"输入选项 [当前 UCS(C)/UCS(U)/世界(W)] <当前 UCS>"，输入 W 并按空格键会返回世界坐标系，如图 15.10 所示。这时的十字光标是斜着的，还需要调整。

（5）调整当前坐标系。直接输入调整当前坐标系命令 DDUcs（不区分大小写）并按空格键，在弹出的 UCS 对象框中，可以看到当前的坐标系是 T（图中箭头所指处），选择"世界"选项，单击"置为当前"按钮，将世界坐标系转为当前，单击"确定"按钮，如图 15.11 所示。

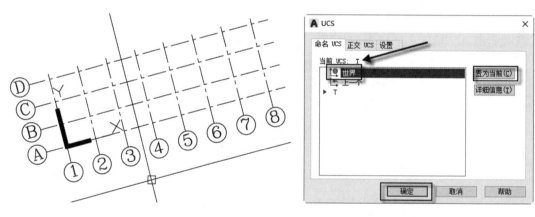

图 15.10　返回世界坐标系　　　　　　　图 15.11　调整当前坐标系

🔔注意：本节介绍了 UCS、Plan、DDUcs 几个与坐标系相关的命令。用这些命令可以定义、选择用户坐标系以方便作图。但是本节只介绍了平面用户坐标系的操作（即只有 XY 平面），下一节将介绍在三维中定义用户坐标系。

15.1.3　笛卡儿坐标系

15.1.2 一节介绍了定义平面用户坐标系的方法，本节介绍如何定义三维用户坐标系。

笛卡儿坐标系的作用就是在定义用户坐标系时确定 Z 轴的方向，也就是定义三维的用户坐标系。AutoCAD 在三维操作时，是依靠一个一个的用户坐标系来精确作图的。笛卡儿坐标系的操作方法就是右手定则。右手定则是：伸出右手，拇指、食指、中指相互成 90°，拇指指向 X 轴，食指指向 Y 轴，中指指向 Z 轴，如图 15.12 所示。AutoCAD 在定义 UCS 时，就是使用右手定则来判断 Z 轴向的位置。只有明确了 Z 轴向的位置，才能判断定义的 UCS 平面是俯视还是仰视。

打开学习卡片 C06，这是一个三维的对象，在二维中的显示效果如图 15.13 所示。

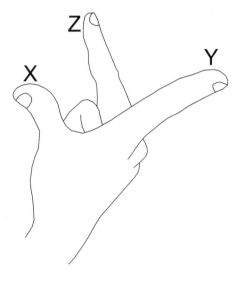

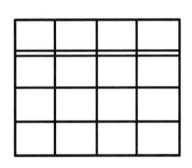

图 15.12　右手定则　　　　　　　　图 15.13　二维的显示效果

直接输入三维动态观察命令 3DOrbit（缩写 3DO，不区分大小写）并按空格键，按住鼠标左键移动光标，可以从二维转换至三维，如图 15.14 所示。

从图中可以看到：

❑ 由细实线方格网组成的面（图中①处）为底面，即世界坐标系所在的 XY 平面，这个面在学习卡片中是蓝色的。

❑ 由虚线方格网组成的面（图中②处）为立面，这个面在学习卡面中是品红色的。

❑ 由粗实线方格网组成的面（图中③处）为对角面，这个面在学习卡片中是黄色的。

🔔注意：由于图书是黑白印刷，无法反映学习卡片中的颜色信息，所以在书中用线宽、线型将面区别开，请读者留心。

要求：定义对角面的用户坐标系并命名为 Y。切换当面坐标系为 Y 并在上面画图。

（1）定义用户坐标系。直接输入定义用户坐标系命令 UCS（不区分大小写）并按空格键，命令行提示"指定 UCS 的原点"，单击④处的端点为原点，命令行提示"指定 X 轴上的点"，单击⑤处的端点，命令行提示"指定 XY 平面上的点"（实际上就是指定 Y 轴上的点），单击⑥处的端点，可以看到图标由 WCS 图标变为 UCS 图标，且与对角面对齐了，十字光标也与对角面对齐了。根据笛卡儿坐标系右手定则，可以判断此时的 Z 轴是向上的（图中⑦处），如图 15.15 所示。

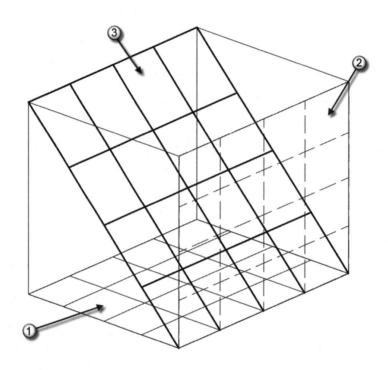

图 15.14　三维的显示效果

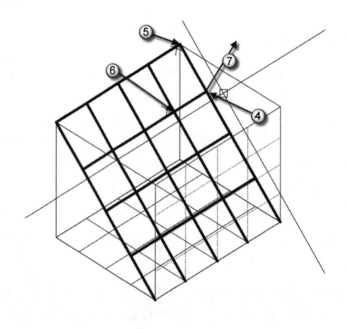

图 15.15　定义用户坐标系

（2）命名用户坐标系。直接按"空格"键重复上一步的 UCS 命令，命令行提示"指定 UCS 的原点"，输入 NA 并按空格键，命令行提示"输入选项 [恢复(R)/保存(S)/删除(D)/?]"，输入 S 并按空格键，命令行提示"输入保存当前 UCS 的名称"，输入 Y 并按空格键。这样就把这个 UCS 命名为 Y 了。

（3）切换坐标系。直接输入切换坐标系命令 Plan（不区分大小写）并按空格键，命令行提示"输入选项 [当前 UCS(C)/UCS(U)/世界(W)] <当前 UCS>"，输入 U 并按空格键，命令行提示"输入 UCS 名称或 [?]"，输入 Y 并按"空格"键，如图 15.16 所示。

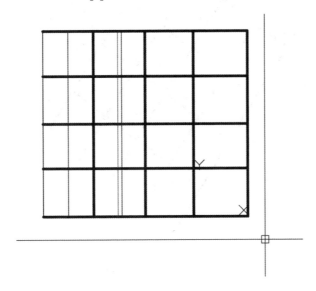

图 15.16　切换坐标系

（4）在当前用户坐标系上画圆。直接输入圆命令 Circle（缩写 C，不区分大小写）并按空格键，命令行提示"指定圆的圆心"，单击箭头所指处的交点作为圆心，命令行提示"指定圆的半径"，输入 80 并按空格键，如图 15.17 所示。

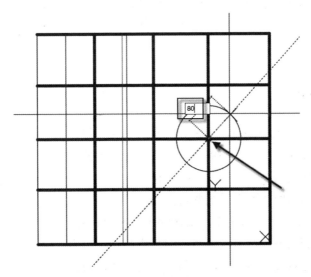

图 15.17　在当前用户坐标系上画圆

（5）检查绘制的圆。直接输入三维动态观察命令 3DOrbit（缩写 3DO，不区分大小写）并按空格键，按住鼠标左键移动光标，可以从二维转换至三维，可以看到上一步绘制的圆（图中⑧处）正在对角面上（也就是在建好的、名称为 Y 的用户坐标系上），如图 15.18 所示。

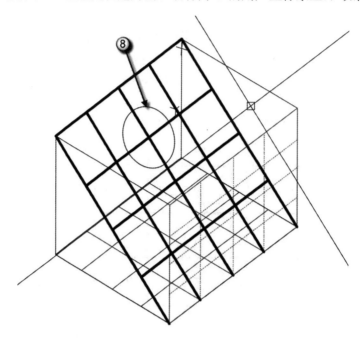

图 15.18　检查绘制的圆

15.2　三　维　操　作

上一节介绍的几种坐标系为本节的三维操作的学习做了铺垫。

本节介绍 AutoCAD 三维操作中的常见的命令与系统变量，并用一个实例来说明 AutoCAD 三维操作的一般流程。

15.2.1　三维曲面

"三维曲面"命令（Edgesurf，不区分大小写）的作用是选择四条闭合空间曲线，如图 15.19 所示，并以这四条曲线为边界生成空间网格的曲面，如图 15.20 所示。

网格精度由"曲面网格数"系统变量控制。

"曲面网格数"系统变量有两个：SurfTab1 与 SurfTab2。这两个变量分别控制四条闭合曲线中两组的网格数。一组为两条对边，①和③是对边，为一组，②和④也是对边，为另一组，如图 15.21 所示。

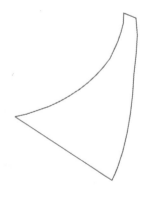

图 15.19　四条闭合的空间曲线

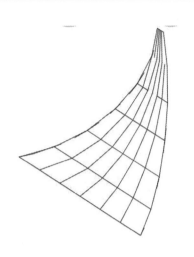

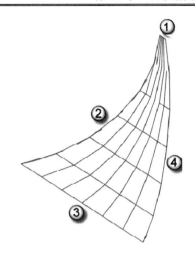

图 15.20　生成空间网格的曲面　　　图 15.21　"曲面网格数"系统变量控制的边

15.2.2　实体操作

本小节将介绍在 AutoCAD 中生成三维实体的两个方式：拉伸与旋转。

1．拉伸实体

"拉伸实体"的命令是 Extrude（缩写 EXT，不区分大小写），功能是将一个闭合的二维对象（图中①处）如多段线、多边形、矩形、圆、椭圆、闭合的样条曲线、圆环或面域沿着一个方向（一般为 Z 轴正向，图中②处）添加一个三维厚度，生成三维实体（图中③处），如图 15.22 所示。

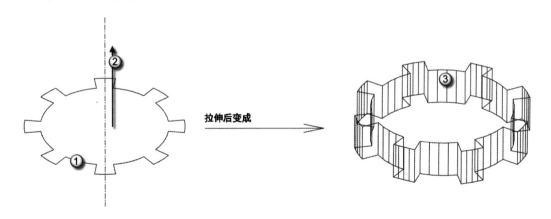

图 15.22　拉伸实体

2．旋转实体

"旋转实体"的命令是 Revolve（缩写 REV，不区分大小写），功能是将一个闭合对象（图中③处）围绕一个指定轴（有两个轴，图中①和②）旋转一定角度来创建生成三维实体

（图中④⑤两个），如图 15.23 所示。围绕①轴旋转生成的三维实体是④，围绕②轴旋转生成的三维实体是⑤。

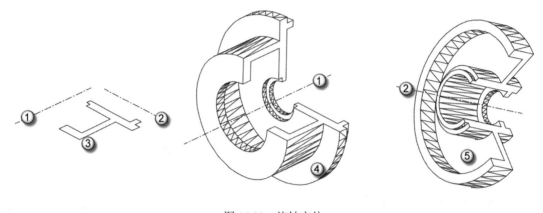

图 15.23　旋转实体

3. 线框密度

"线框密度"是一个系统变量，命令是 IsoLines（不区分大小写），作用是控制"拉伸实体"与"旋转实体"生成的三维实体的精度，如图 15.24 所示。

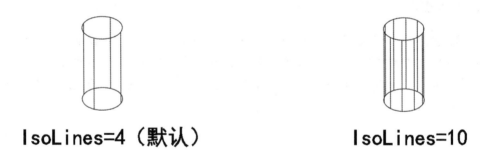

IsoLines=4（默认）　　　　IsoLines=10

图 15.24　线框密度

15.2.3　实例——绘制凉亭

本节以一个凉亭为例介绍使用 AutoCAD 进行三维建模的一般过程。这个凉亭的三视图与轴测图如图 15.25 所示。

本节将学习、使用到两个三维专用命令："三维阵列"（命令是 3DArray，缩写 3A，不区分大小写）与"三维旋转"（命令是 Rotate3D，不区分大小写）。

（1）新建图层。新建 4 个图层："顶""柱子""台阶"和"辅助线"，并将"辅助线"图层置为当前图层，如图 15.26 所示。

（2）绘制正六边形。直接输入多边形命令 Polygon（缩写 POL，不区分大小写）并按空格键，命令行提示"输入侧面数 <4>"，输入 6 并按空格键，命令行提示"指定正多边形的中心点"，单击屏幕空白处作为正多边形的中心点，命令行提示"输入选项 [内接于圆(I)/外切于圆(C)] <I>"，直接按空格键，以"内接于圆"的方式画正多边形，命令行提示"指定圆的半径"，输入 200 并按空格键。直接输入三维动态观察命令 3DOrbit（缩写 3DO，不区分大小写）并按空格键，按住鼠标左键移动光标，可以从二维转换至三维，如图 15.27 所示。

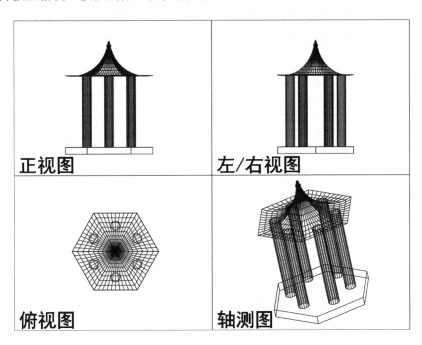

图 15.25　需要绘制的凉亭

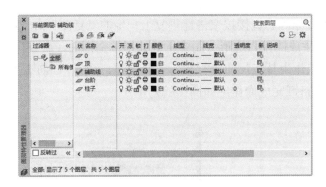

图 15.26　新建图层

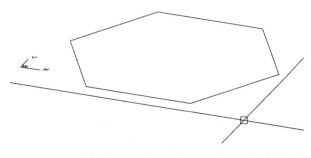

图 15.27　绘制正六边形

（3）向上复制 350mm。从坐标系的图标可以观察到绘制的正六边形目前处于世界坐标系中（图中①处）。直接输入复制命令 Copy（缩写 CO，不区分大小写）并按空格键，命令行提示"选择对象"，选择上一步绘制的正六边形（图中②处）并按空格键，命令行提示"指定基点"，单击图中③处的端点作为基点，命令行提示"指定第二个点"，向上垂直移动光标，输入@0，0，350 并按空格键完成操作，如图 15.28 所示。

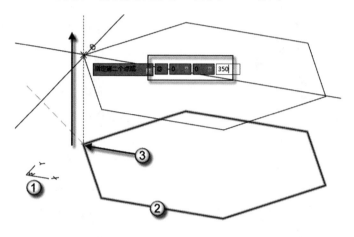

图 15.28 向上复制 350mm

注意：此处输入的"@0，0，350"是相对坐标的方法，其中，@表示使用相对坐标，两个 0 表示 XY 方向皆不移动，350 表示向 Z 轴正方向移动 350mm。

（4）向上复制 120mm。直接按空格键重复上一步的"复制"命令，命令行提示"选择对象"，选择上一步生成的正六边形（图中④处）并按空格键，命令行提示"指定基点"，单击图中⑤处的端点作为基点，命令行提示"指定第二个点"，向上垂直移动光标，输入@0，0，120 并按空格键完成操作，如图 15.29 所示。

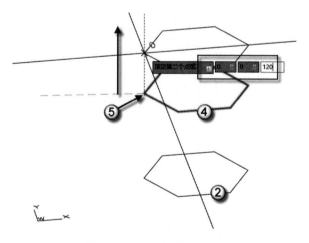

图 15.29 向上复制 120mm

（5）绘制辅助线。使用"直线"命令绘制 5 条辅助线（图中加粗的线为辅助线），最粗的一条辅助线为箭头所指两条辅助线中点的连线，如图 15.30 所示。

（6）缩小最上面的正六边形。直接输入缩放命令 Scale（缩写 SC，不区分大小写）并按空格键，命令行提示"选择对象"，选择最上面的一个正六边形（图中⑥处），命令行提示"指定基点"，单击图中⑦处的点作为基点，命令行提示"指定比例因子"，输入 1/20 并按空格键，如图 15.31 所示。

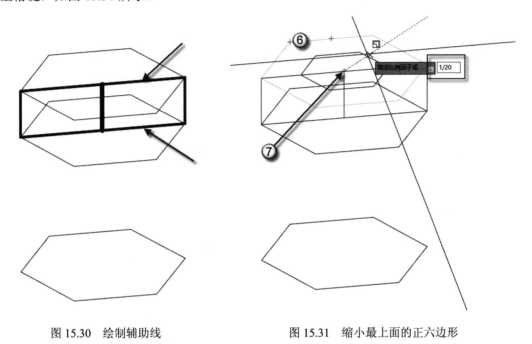

图 15.30　绘制辅助线　　　　　图 15.31　缩小最上面的正六边形

⌂ **注意**：使用"直线"命令画的线都是细线，图 15.30 中用粗线是为了区分绘制的线和辅助线，请读者注意。

（7）绘制两条辅助线。使用"直线"命令绘制两条辅助线（图中箭头所指处），如图 15.32 所示。

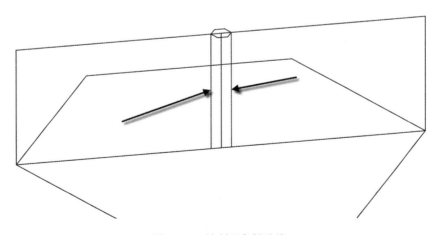

图 15.32　绘制两条辅助线

（8）建立第 1 个 UCS。直接输入定义用户坐标系命令 UCS（不区分大小写）并按空格键，命令行提示"指定 UCS 的原点"，单击⑧处的端点为原点，命令行提示"指定 X 轴上的点"，单击⑨处的端点，命令行提示"指定 XY 平面上的点"（实际上就是指定 Y 轴上的点），单击⑩处的端点，可以看到图标由 WCS 图标变为 UCS 图标，且与对角面对齐了，十字光标也与对角面对齐了，如图 15.33 所示。

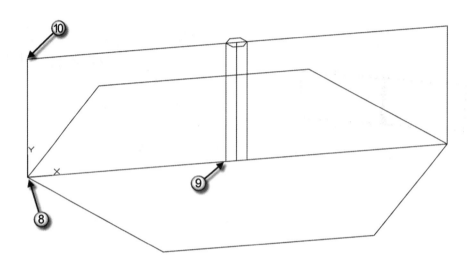

图 15.33　建立第 1 个 UCS

（9）命名 UCS。直接按空格键重复上一步的 UCS 命令，命令行提示"指定 UCS 的原点"，输入 NA 并按空格键，命令行提示"输入选项 [恢复(R)/保存(S)/删除(D)/?]"，输入 S 并按空格键，命令行提示"输入保存当前 UCS 的名称"，输入 1 并按空格键。这样就把这个 UCS 命名为 1 了。

注意：在这个凉亭的实例中，只有两个 UCS，因此命名为 1 和 2。

（10）切换坐标系并绘制屋脊线。直接输入切换坐标系命令 Plan（不区分大小写）并按空格键，命令行提示"输入选项 [当前 UCS(C)/UCS(U)/世界(W)] <当前 UCS>"，输入 U 并按空格键，命令行提示"输入 UCS 名称或 [?]"，输入 1 并按"空格"键，这样就切换至第 1 个 UCS 了。切换至"顶"图层，使用"圆弧"命令绘制出一条屋脊线（图中箭头所指处），如图 15.34 所示。

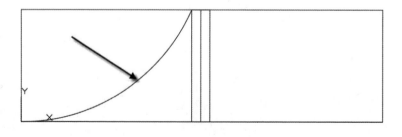

图 15.34　绘制屋脊线

注意：建立第 1 个 UCS 的目的是方便绘制这条屋脊线。

（11）返回世界坐标系。直接输入切换坐标系命令 Plan（不区分大小写）并按空格键，命令行提示"输入选项 [当前 UCS(C)/UCS(U)/世界(W)] <当前 UCS>"，输入 W 并按空格键，会返回世界坐标系。直接输入调整当前坐标系命令 DDUcs（不区分大小写）并按空格键，在弹出的 UCS 对话框中，可以看到当前的坐标系是 1（图中箭头所指处），选择"世界"选项，单击"置为当前"按钮，将世界坐标系转为当前，单击"确定"按钮，如图 15.35 所示。直接输入三维动态观察命令 3DOrbit（缩写 3DO，不区分大小写）并按"空格"键，按住鼠标左键移动光标，可以从二维转换至三维，如图 15.36 所示。

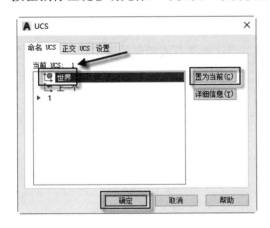

图 15.35　返回世界坐标系

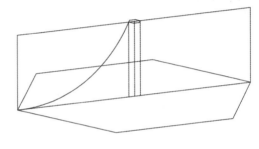

图 15.36　进入三维

（12）屋脊线三维旋转。使用"复制"命令在三维视图中将屋脊线原地复制一个。直接输入三维旋转命令 Rotate3D（不区分大小写）并按空格键，命令行提示"选择对象"，选择一条屋脊线，命令行提示"指定轴上的第一个点或定义轴依据[对象(O)/最近的(L)/视图(V)/x 轴(X)/y 轴(Y)/z 轴(Z)/两点(2)]"，输入 O 并按空格键，命令行提示"选择对象"，选择箭头所指处的直线作为旋转轴，完成之后如图 15.37 所示。

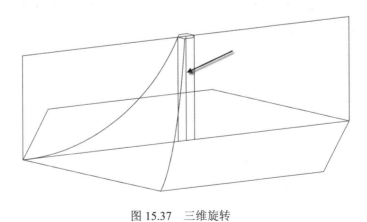

图 15.37　三维旋转

（13）分解对象。使用"分解"命令将一大一小两个正六边形分解成直线，如图 15.38 所示。

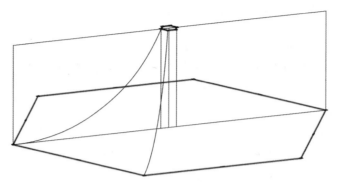

图 15.38　分解对象

（14）切换图层。选择箭头所指处的两条直线，将这两条直线所属的图层切换为"顶"，如图 15.39 所示。

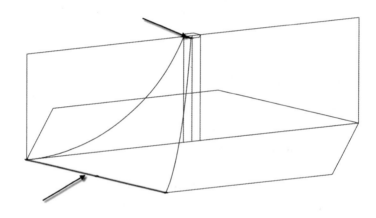

图 15.39　切换图层

（15）生成一片屋面。直接输入三维曲面命令 Edgesurf（不区分大小写）并按空格键，命令行会依次提示"选择用作曲面边界的对象 1、2、3、4"，依次选择图中箭头所指的四条线会生成一片屋面，如图 15.40 所示。

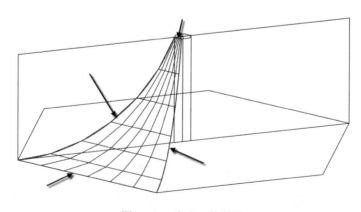

图 15.40　生成一片屋面

（16）生成六片屋面。直接输入三维阵列 **3DArray**（缩写 **3A**，不区分大小写）并按空格键，命令行提示"选择对象"，选择上一步生成的一片屋面，命令行提示"输入阵列类型[矩形(R)/环形(P)] <矩形>"，输入 P 并按空格键，命令行提示"输入阵列中的项目数目"，输入 6 并按空格键，命令行提示"指定填充角度 <360>"，直接按空格键以旋转 360°，命令行提示"指定阵列中心点"，单击图 15.41 中下箭头所指的端点，命令行提示"指定第二个点"，单击图 15.41 中上箭头所指的端点。完成之后生成 5 片屋面，加上已经有的 1 片屋面，共有6 片屋面，如图 15.42 所示。

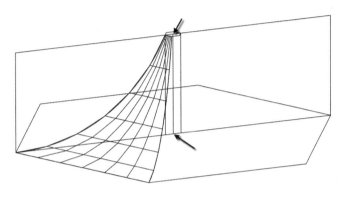

图 15.41　指定阵列轴

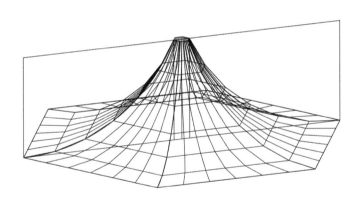

图 15.42　生成 6 片屋面

（17）切换图层。将"台阶"图层置为当前图层，并冻结"顶"图层，如图 15.43 所示。

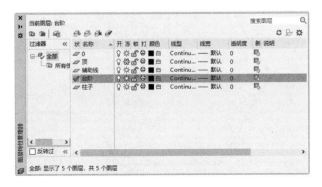

图 15.43　切换图层

（18）生成台阶。直接输入拉伸实体命令 Extrude（缩写 EXT，不区分大小写）并按空格键，命令行提示"选择要拉伸的对象"，选择最底部的正六边形（图中箭头所指处），向上移动光标，命令行提示"指定要拉伸的高度"，输入 20 并按空格键，如图 15.44 所示。这个六棱柱就是凉亭底面的台阶。

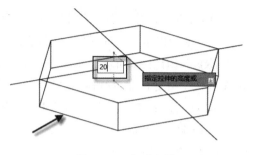

图 15.44　生成台阶

（19）绘制 4 条辅助线。使用"直线"命令绘制 4 条辅助线（图中加粗的线为辅助线），如图 15.45 所示。

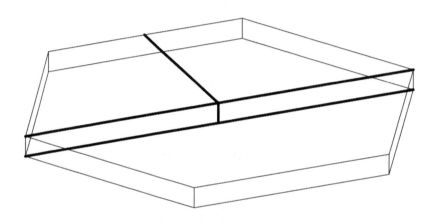

图 15.45　绘制 4 条辅助线

🔔注意：使用"直线"命令画的线都是细线，图 15.45 中用粗线是为了区分绘制的线和辅助线，请读者注意。

（20）建立第 2 个 UCS。使用 UCS 命令建立一个名为 2 的 UCS，UCS 的面就是六棱柱的顶面。然后使用 Plan 命令切换至这个 UCS 上。将"柱"图层切换至当前图层，使用"圆"命令绘制一个半径为 15mm 的圆，如图 15.46 所示。

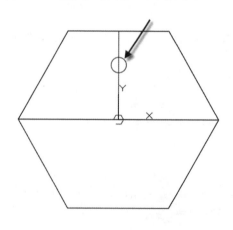

图 15.46　绘制一个圆

（21）拉出圆柱。返回 WCS 并进入三维视图。直接输入拉伸实体命令 Extrude（缩写 EXT，不区分大小写）并按空格键，命令行提示"选择要拉伸的对象"，选择上一步绘制的圆（图中箭头所指处）并向上移动光标，命令行提示"指定要拉伸的高度"，输入 20 并按空格键，如图 15.47 所示。可以看到圆柱的精度不够，输入线框密码系统变量 Isolines，命令行提示"输入 ISOLINES 的新值 <4>"，输入 10 并按空格键，圆柱的精度还是不够。直接输入重生成命令 Regen（缩写 RE，不区分大小写）并按空格键，可以看到圆柱的精度增加了，如图 15.48 所示。

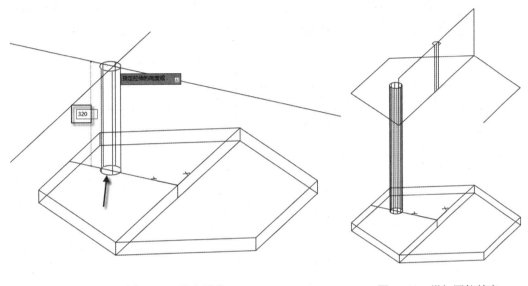

图 15.47　拉出圆柱　　　　　　　　　　图 15.48　增加圆柱精度

（22）生成六根圆柱。直接输入三维阵列 3DArray（缩写 3A，不区分大小写）并按空格键，命令行提示"选择对象"，选择上一步生成的那根圆柱，命令行提示"输入阵列类型 [矩形(R)/环形(P)] <矩形>"，输入 P 并按空格键，命令行提示"输入阵列中的项目数"，输入 6 并按空格键，命令行提示"指定填充角度 <360>"，直接按"空格"键以旋转 360°，命令行提示"指定阵列中心点"，单击图中下箭头所指的端点，命令行提示"指定第二个点"，单击图中上箭头所指的端点，如图 15.49 所示。完成之后将生成另 5 根共 6 根圆柱，如图 15.50 所示。

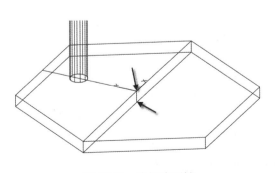
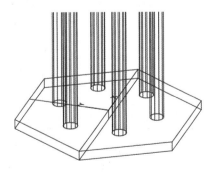

图 15.49　选择阵列轴　　　　　　　　　图 15.50　生成 6 根圆柱

隐藏"辅助线"图层，解冻"顶"图层，即可看到完整的凉亭模型。

附录 A AutoCAD 常用命令缩写

序　号	命令的中文名称	命　　令	缩　　写	第一次出现的位置
1	对象捕捉设置	Osnap	OS	第1章
2	直线	Line	L	第1章
3	多段线	PLine	PL	第2章
4	多线	MLine	ML	第2章
5	圆	Circle	C	第2章
6	圆弧	Arc	A	第2章
7	椭圆	Ellipse	EL	第2章
8	矩形	Rectang	REC	第2章
9	正多边形	Polygon	POL	第2章
10	移动	Move	M	第3章
11	撤销	Undo	U	第3章
12	复制	Copy	CO或CP	第3章
13	圆角	Fillet	F	第3章
14	切角	Chamfer	CHA	第3章
15	缩放	Scale	SC	第3章
16	镜像	Mirror	MI	第3章
17	偏移	Offset	O	第3章
18	裁剪	Trim	TR	第3章
19	延伸	Extend	EX	第3章
20	拉长	Lengthen	LEN	第3章
21	阵列	Array	AR	第3章
22	打断	Break	BR	第3章
23	视图缩放	Zoom	Z	第4章
24	平移	Pan	P	第4章
25	重生成	Regen	RE	第4章
26	线型管理器	LineType	LT	第4章
27	定数等分	Divide	DIV	第4章
28	定距等分	Measure	ME	第4章

序　号	命令的中文名称	命　令	缩　写	第一次出现的位置
29	线型比例	LTScale	LTS	第4章
30	图层管理器	Layer	LA	第5章
31	图块	Block	B	第5章
32	写块文件	WBlock	W	第5章
33	插入图块	Insert	I	第5章
34	创建组	Group	G	第5章
35	动态测量	MeasureGeom	MEA	第6章
36	距离	Dist	DI	第6章
37	面积与周长	Area	AA	第6章
38	列表显示	List	LI	第6章
39	快速计算器	QuickCalc	QC	第6章
40	选项	Options	OP	第7章
41	特性面板	Properties	CH	第7章
42	特性匹配	MatchProp	MA	第7章
43	编辑多段线	Pedit	PE	第7章
44	分解	Explode	X	第7章
45	样条曲线	Spline	SPL	第7章
46	编辑样条曲线	SplinEdit	SPE	第7章
47	图案填充	Hatch	H	第7章
48	编辑填充图案	HatchEdit	HE	第7章
49	顺序填充	DrawOrder	DR	第7章
50	文字样式	Style	ST	第8章
51	单行文字	DText	DT	第9章
52	多行文字	MText	T	第9章
53	编辑文字	TextEdit	ED	第9章
54	标注样式	DimStyle	D	第10章
55	线性标注	DimLinear	DLI	第10章
56	对齐标注	DimAligned	DAL	第10章
57	快速引线	QLeader	LE	第10章
58	多重引线	MLeader	MLD	第10章
59	直径标注	DimDiameter	DDI	第10章
60	半径标注	DimRadius	DRA	第10章
61	角度标注	DimAngular	DAN	第10章
62	连续标注	DimContinue	DCO	第10章

序　号	命令的中文名称	命　　令	缩　　写	第一次出现的位置
63	基线标注	DimBaseline	DBA	第10章
64	编辑图块	BEdit	BE	第11章
65	捕捉自	From	FRO	第13章
66	极轴设置	DSettings	DS	第13章
67	三维动态观察	3DOrbit	3DO	第15章
68	拉伸实体	Extrude	EXT	第15章
69	旋转实体	Revolve	REV	第15章
70	三维阵列	3DArray	3A	第15章

注意：在 AutoCAD 中，命令比较容易分辨，绝大多数是由英文字母组成的，只有极个别的采用数字，但命令缩写和快捷键是有区别的，不能将二者搞混淆。命令缩写是选取命令中 1～3 个英文字母而形成的，而快捷键则是由 F1～F12 以及 Ctrl+数字键或字母键组合而形成。输入命令或者命令缩写后需要按 Enter 键或空格键进行确认，而快捷键操作不需要按 Enter 键或空格键进行确认，只需要在键盘上直接按相应的键即可。

附录 B AutoCAD 常用快捷键

序　号	快　捷　键	功　　能
1	F1	帮助
2	F2	文本窗口
3	F3	对象捕捉
4	F4	三维对象捕捉
5	F5	等轴测平面切换
6	F6	动态UCS
7	F7	栅格显示
8	F8	正交
9	F9	栅格捕捉
10	F10	极轴追踪
11	F11	对象追踪
12	F12	动态输入
13	Ctrl+0	全屏
14	Ctrl+1	特性面板
15	Ctrl+2	设计中心
16	Ctrl+3	工具选项板
17	Ctrl+4	图纸集管理器
18	Ctrl+6	数据库连接管理器
19	Ctrl+7	标记集管理器
20	Ctrl+8	计算器
21	Ctrl+9	命令行窗口
22	Ctrl+A	全选
23	Ctrl+B	栅格捕捉
24	Ctrl+C	复制到剪贴板
25	Ctrl+D	动态UCS
26	Ctrl+E	等轴测平面切换
27	Ctrl+F	对象捕捉
28	Ctrl+G	栅格显示
29	Ctrl+H	切换PickStyle变量
30	Ctrl+K	超链接
31	Ctrl+L	正交

续表

序　号	快　捷　键	功　　能
32	Ctrl+N	新建图形文件
33	Ctrl+O	打开文件
34	Ctrl+P	打印
35	Ctrl+Q	退出AutoCAD
36	Ctrl+S	保存文件
37	Ctrl+U	极轴
38	Ctrl+V	粘贴剪贴板上的内容
39	Ctrl+W	循环选择
40	Ctrl+X	剪切所选的内容至剪贴板
41	Ctrl+Y	重做
42	Ctrl+Z	取消前一步操作

附录 C　建筑设计图纸

附录 C 收录了一栋公共厕所的全套建筑设计图，图纸共五张。因为图书篇幅所限，书中不介绍这套图纸的绘图步骤。但与图书配套的教学视频中有绘制这套图纸的详细教学，请读者根据前言中的方法下载，对照图纸，观看教学视频进行学习。"图纸目录"详见表C.1 所示。

表C.1　图纸目录

序　号	图　　名	比　例	页　码
1	门窗表、卫生间做法	/	276
2	一层平面图、屋顶平面图1-1剖面图	1:100	277
3	立面图	1:100	278
4	男厕放大平面图、女厕放大平面图	1:50	279
5	无障碍厕所放大平面图、2-2断面图、装修表	1:50	280

说明：

1．本建筑结构形式为框架结构。框架柱有两种截面尺寸：400mm×400mm 与 800mm×400mm，具体参看《一层平面图》。

2．所有墙体为 200mm 厚加气混凝土砌块，墙体定位轴线居中。

3．平面图中未注明的高窗皆为 GC0606，未注明的子母门为 ZM1221，未注明的门垛为 200mm。

4．男厕、女厕、无障碍厕所的地面建筑标高参看各自放大平面图。

5．男厕、女厕、无障碍厕所的地面排水坡度为 1%，坡向地漏。

6．立面图中未注明的高窗皆为 GC0606。

7．高窗 GC0606 在男厕与女厕中的窗台标高为 2.4m，在无障碍厕所中的窗台标高为 1.5m。

8．屋顶未注明的坡度皆为 2%。屋顶未注明的标高类型皆为结构专业板面标高。

9．男厕、女厕中梳妆台位置参看各自的放大平面图，梳妆台成功面标高为 0.820m。

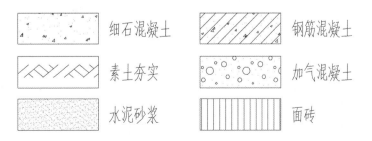

图 C.1　建筑材料图例

门窗表

类型	设计编号	洞口尺寸(mm)	数量(樘)	图集名称	页次	选用型号	备注
普通门	ZM1221	1200X2100	1	06J607-1	12	PM1	子母门
普通窗	GC0606	600X600	20	06J607-1	10	XNP1	商窗
洞口	DK1221	1200X2100	2	/	/	/	

卫生间做法:

图例	名称	使用图集		
		图集名	页次	型号
	蹲便器	16J914-1	XT18	1
	坐便器	16J914-1	XT17	1
	大便隔断	16J914-1	XT9	1
	小便隔板	16J914-1	XT10	4
	地漏	16J914-1	XT26	3
	卫生纸盒	16J914-1	XT29	1
	污水池 (500X600)	16J914-1	XT24	3

图例	名称	使用图集		
		图集名	页次	型号
	墙地抓杆	12J926	J17	3
	墙角抓杆	12J926	J16	2
	面盆抓杆	12J926	J16	1
	无障碍面盆	12J926	J14	1
	面盆	16J914-1	XT12	2
	小便器	16J914-1	XT15	2
	梳妆台	16J914-1	XT25	4

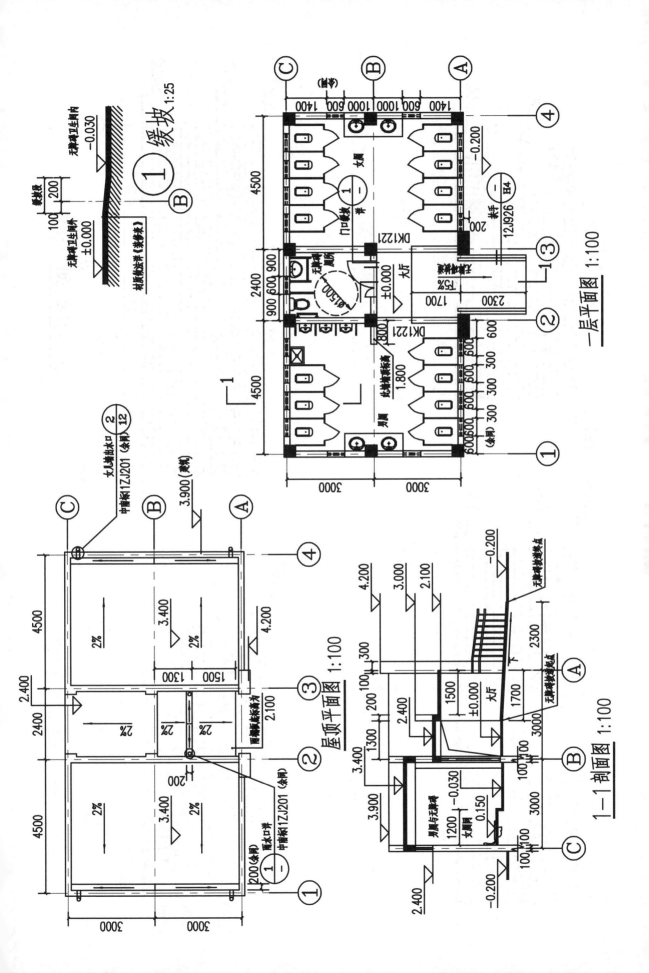

缓坡 1:25

① B

无障碍卫生间内 −0.030
无障碍卫生间外 ±0.000
碎碎玻璃砖（素水泥）

一层平面图 1:100

女厕
男厕
大厅 ±0.000
此处障碍系高 1.800
DK1221
扶手 12J926 H4

屋顶平面图 1:100

女儿墙出水口 ② 中南标1ZJ201（全同） 12
雨水口详
中南标1ZJ201（全同）
雨水口索标高

1−1 剖面图 1:100

男厕与无障碍
女厕
大厅 ±0.000
无障碍坡道起点
无障碍坡道终点

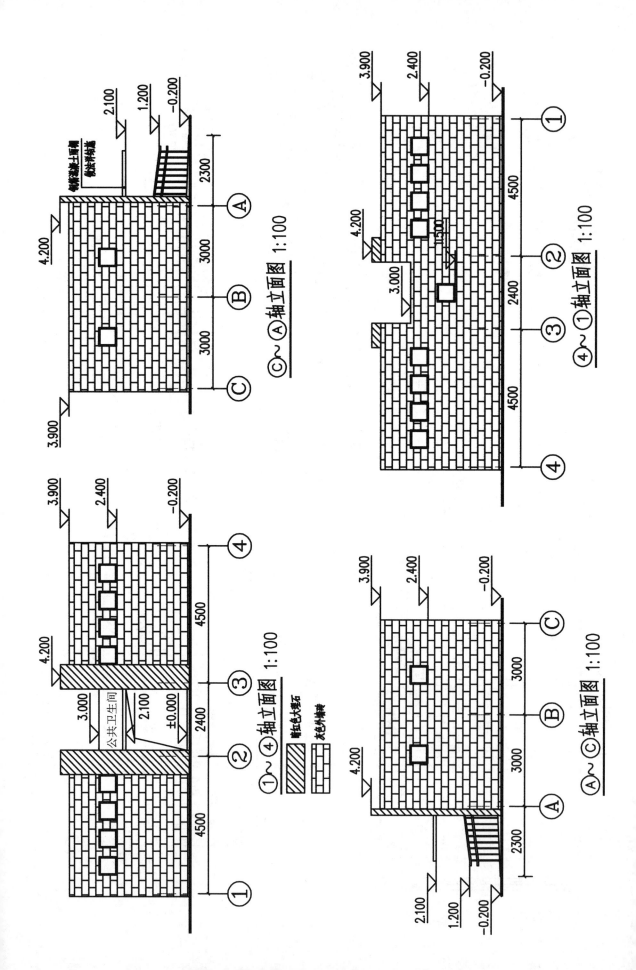

©~Ⓐ轴立面图 1:100

①~④轴立面图 1:100

Ⓐ~©轴立面图 1:100

④~①轴立面图 1:100

公共卫生间

钢筋混凝土雨棚
仿瓷涂料墙

酱红色大理石

米色外墙砖

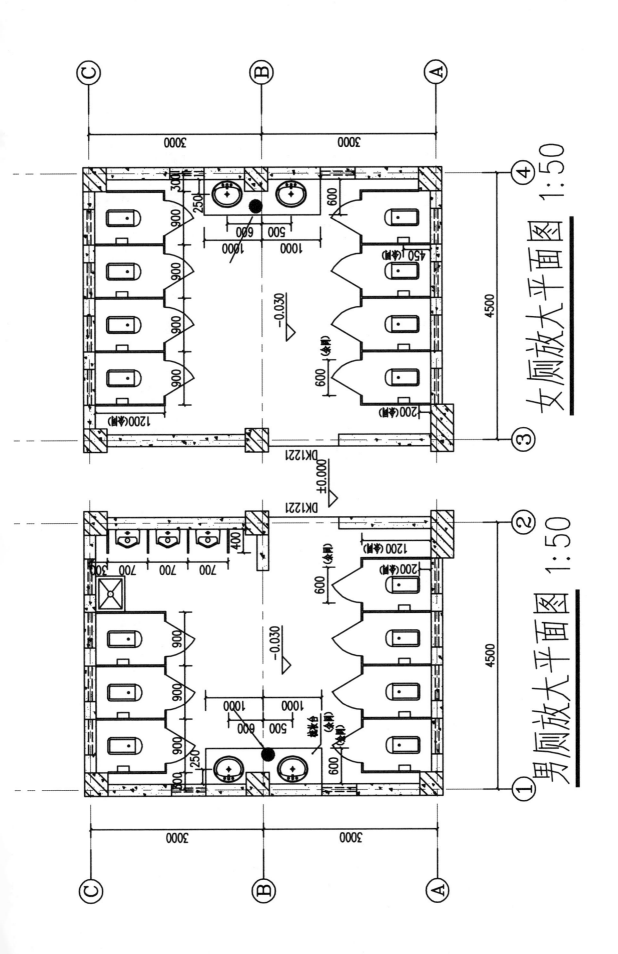

女厕放大平面图 1:50

男厕放大平面图 1:50

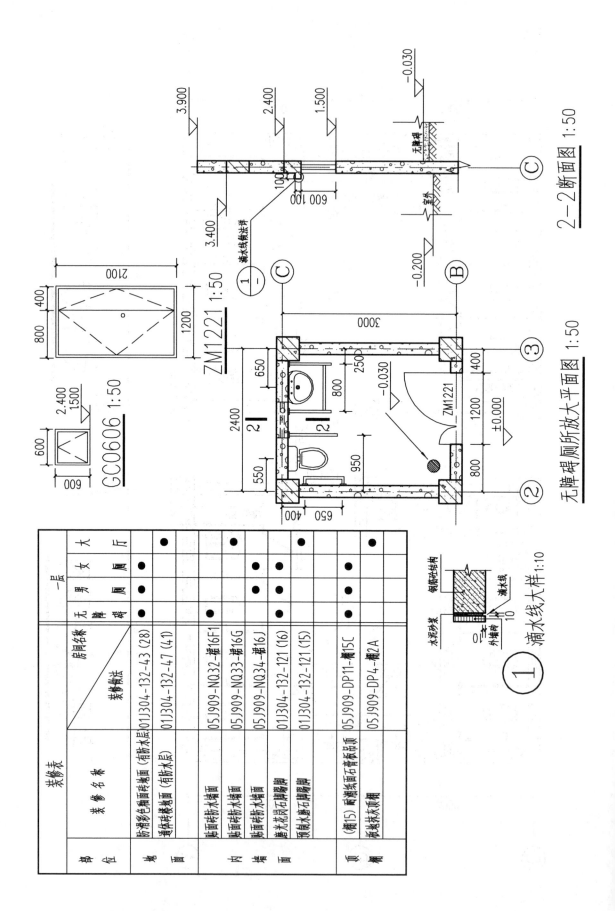

ZM1221 1:50

GC0606 1:50

无障碍厕所折放大平面图 1:50

2—2 断面图 1:50

① 滴水线大样 1:10

装修表

部位	装修名称 / 装修做法	无障碍	男厕	女厕	大厅
地面	防滑彩色釉面砖地面(有防水层) 011304-132-43 (28)	●	●	●	●
	通体砖楼地面(有防水层) 011304-132-47 (41)	●			●
内墙面	贴面砖防水墙面 05J909-NQ32-褡16F1		●	●	
	贴面砖防水墙面 05J909-NQ33-褡16G		●	●	
	贴面砖防水墙面 05J909-NQ34-褡16J				●
	磨光花岗石脚踢脚 011304-132-121 (16)	●	●	●	●
	预制水磨石脚踢脚 011304-132-121 (15)				
顶棚	(褡15)刷瓷纸面石膏吊顶 05J909-DP11-褡15C	●	●	●	●
	矿棉板吊顶 05J909-DP4-褡2A				

附录 D 学 习 卡 片

在本书的配套资源中有一个"学习卡片.DWG"文件。该文件中有多个"学习卡片"，卡片的内容与图书相关章节相匹配，一个卡片介绍一个命令或一个系统变量或一个实例。每个卡片都有一个唯一的编号，编号由一个英文字母与两位数字组成，英文字母表示类别，数学表示序号。如图 D.1 所示，学习卡片的左上角是卡片的名称（图中③处），右上角是卡片的编号（图中④处）。学习中如果需要使用卡片，书中会有"打开学习卡片 XXX"的提示，来提醒读者找到相应的卡片，从而边学习边操作。表 D.1 给出学习卡片的编号与图书章节的对应关系，读者可以参照该表快速地将学习卡片和正文章节对应起来。

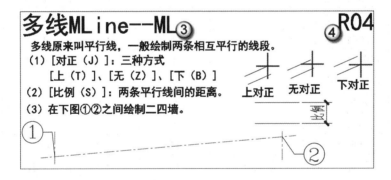

图 D.1　学习卡片

表D.1　学习卡片

编　号	卡片名称	章	节	小　节	备　注
B01	定制操作界面	1	1.2	1.2.1	
B02	键鼠的操作	1	1.1	1.1.3	
B03	单一命令的驱动	1	1.3	1.3.1	
B04	命令的发出	1	1.3	1.3.2	
B05	系统变量	1	1.3	1.3.3	
B06	对象捕捉	1	/	/	
B07	操作对象捕捉	1	1.4	1.4.1	
B08	端点的对象捕捉	1	1.4	1.4.1	
B09	中点的对象捕捉	1	1.4	1.4.1	
B10	圆心点的对象捕捉	1	1.4	1.4.1	
B11	垂足点的捕捉	1	1.4	1.4.1	
B12	几何中心点的对象捕捉	1	1.4	1.4.1	

续表

编　号	卡片名称	章	节	小　节	备　注
B13	交点的对象捕捉	1	1.4	1.4.1	
B14	象限点的捕捉	1	1.4	1.4.1	
B15	切点的对象捕捉	1	1.4	1.4.1	
B16	最近点的捕捉	1	1.4	1.4.1	
B17	平行线模式	1	1.4	1.4.1	
B18	延长线模式	1	1.4	1.4.1	
B19	对象捕捉的位码	1	1.4	1.4.2	
B20	对象捕捉的位码	1	1.4	1.4.2	
B21	实例	1	1.4	1.4.3	
B22	信息提示与人机交互	1	1.5	1.5.1	
B23	光标的变化	1	1.5	1.5.1	
B24	光标的变化	1	1.5	1.5.1	
B25	光标的变化	1	1.5	1.5.3	
B26	动态输入及提示	1	1.5	1.5.4	
B27	视图缩放Zoom—Z	4	4.1	4.1.1	
B28	视图变换	4	4.1	4.1.4	
B29	设置点样式	4	4.2	/	
B30	设置线型	4	4.3	/	
B31	鼠标悬停工具提示	1	1.5	1.5.4	
C01	绝对坐标与相对坐标	15	15.1	15.1.1	
C02	用相对坐标的方法绘制矩形	15	15.1	15.1.1	
C03	笛卡儿坐标系（右手规则）	15	15.1	15.1.3	
C04	世界坐标系与用户坐标系	15	15.1	15.1.2	
C05	定义二维用户坐标系	15	15.1	15.1.2	
C06	定义三维用户坐标系	15	15.1	15.1.3	
C07	3个三维的系统变量	15	15.2	/	
C08	拉伸实体Extrude—EXT	15	15.2	15.2.2	
C09	旋转实体Revolve—REV	15	15.2	15.2.2	
C10	三维曲面Edgesurf	15	15.2	15.2.1	
C11	例子：绘制凉亭	15	15.2	15.2.3	
R01	极轴	2	2.1	2.1.2	
R02	绘制直线Line—L	2	2.2	2.2.1	
R03	多段线Pline—PL	2	2.2	2.2.2	
R04	多线Mline—ML	2	2.2	2.2.3	
R05	绘制圆Circle—C	2	2.3	2.3.1	
R06	绘制圆弧Arc—A	2	2.3	2.3.2	
R07	绘制椭圆Ellipse—EL	2	2.3	2.3.3	

续表

编　号	卡片名称	章	节	小　节	备　注
R08	绘制矩形Rectangle—REC	2	2.4	2.4.1	
R09	正多边形Polygon—POL	2	2.4	2.4.2	
R10	例1	2	2.5	2.5.1	
R11	例2	2	2.5	2.5.2	
R12	例3	2	2.5	2.5.3	
R13	例4	2	2.5	2.5.4	
R14	例5	2	2.5	2.5.5	
R15	例6	2			▲
E01	对象	3	3.1	3.1.1	
E02	框选（窗口选择法）	3	3.1	3.1.2	
E03	叉选（交叉选择法）	3	3.1	3.1.3	
E04	逐一选择	3	3.1	3.1.5	
E05	栅栏选择	3	3.1	3.1.4	
E06	对象选择过滤器Filter—FI	3			▲
E07	快速选择Qselect	3			▲
E08	循环选择	3	3.1	3.1.6	
E09	移动Move—M	3	3.2	/	
E10	复制Copy—CO	3	3.3	/	
E11	圆角Fillet—F	3	3.4	3.4.1	
E12	缩放Scale—SC	3	3.5	/	
E13	镜像Mirror—MI	3	3.6	/	
E14	偏移Offset—O	3	3.7	/	
E15	裁剪Trim—TR	3	3.8	3.8.1	
E16	延伸Extend—EX	3	3.8	3.8.2	
E17	拉长Lengthen—LEN	3	3.9	3.9.1	
E18	拉伸Stretch—S	3	3.9	3.9.2	
E19	阵列Array—AR	3	3.10	3.10.1	
E20	经典阵列Arrayclassic	3	3.10	3.10.2	
E21	打断Break—BR	3	3.11	/	
E22	例1：训练环形阵列功能	3	3.13	3.13.1	
E23	例2：训练环形阵列与偏移功能	3	3.13	3.13.2	
E24	例3：训练旋转功能	3	3.13	3.13.3	
E25	例4：训练裁剪功能	3	3.13	3.13.4	
E26	例5：训练复制与偏移功能	3	3.13	3.13.5	
E27	例6：圆角命令训练	3	3.13	3.13.6	
E28	例6：圆角命令训练	3	3.13	3.13.6	
E29	例7：缩放训练（1）	3	3.13	3.13.7	

编　号	卡片名称	章	节	小　节	备　注
E30	例7：缩放训练（2）	3	3.13	3.13.7	
E31	夹点	7	7.1	7.1.3	
E32	编辑多段线Pedit—PE	7	7.2	7.2.1	
E33	显示顺序DrawOrder—DR	7	7.3	7.3.4	
E34	编辑图案填充HatchEdit—HE	7	7.3	7.3.3	
E35	图案填充Hatch—H（1）	7	7.3	7.3.3	
E36	图案填充Hatch—H（2）	7	7.3	7.3.3	
E37	"特性"面板	7	7.1	7.1.1	
E38	特性匹配MatchProp—MA	7	7.1	7.1.2	
E39	分解Explode—X	7	7.2	7.2.2	
E40	编辑多线MLedit	7	7.3	7.3.1	
E41	样条曲线Spline—SPL，编辑样条曲线SplinEdit—SPE	7	7.3	7.3.2	
E42	使用多线绘制墙体	7			▲
E43	旋转	3	3.12	/	
S01	比例	8	8.1	/	
S02	CAD的三个空间	8	8.1	8.1.2	
S03	注释比例	8	8.1	8.1.4	
S04	文字样式	8	8.1	8.1.5	
S05	系统变量监视	8	8.2	8.2.2	
S06	单行文字DText—DT	9	9.1	9.1.1	
S07	设置标注样式DimStyle—D	10	10.1	/	
T01	文字样式	8	8.1	8.1.5	
T02	单行文字DText—DT	9	9.1	9.1.1	
T03	多行文字MText—T	9	9.1	9.1.2	
T04	编辑文字	9	9.3	9.3.1	
T05	查找与替换Find	9	9.3	9.3.3	
T06	单行文字转多行文字	9	9.3	9.3.4	
D01	设置标注样式DimStyle—D	10	10.1	/	
D02	直线类标注	10	10.2	/	
D03	弧线类标注	10	10.3	/	
D04	圆心标记	10			▲
D05	智能标注DIM	10	10.4	10.3.4	
D06	标注的关联	10	10.5	10.5.4	
D07	修改尺寸标注	8	8.2	8.2.1	
		10	10.5	/	
D08	引线标注	10	10.2	10.2.3	

续表

编 号	卡 片 名 称	章	节	小 节	备 注
I01	MTP	12	12.1	12.1.1	
I02	选择模式	12	12.1	12.1.2	
I03	透明命令	12	12.2		
I04	CAL应用于透明命令（几何）	12	12.2	12.2.1	
I05	CAL应用于透明命令（墙线）	12	12.2	12.2.2	
A01	临时点	13	13.2	13.2.1	
A02	临时对象追踪点TT	13	13.2	13.2.2	
A03	极轴	13			▲
A04	捕捉自From	13	13.2	13.2.3	
A05	对象追踪点	13	13.2	13.2.4	
A06	例子	13			▲
A07	拖曳	13	13.1	/	
K01	动态图块	11	11.1		
K02	衣柜	11	11.2	11.2.1	
K03	平开门	11	11.2	11.2.2	
K04	图块属性Attdef—ATT	11			▲
K05	约束的使用	11	11.2	11.2.3	
K06	利用图块属性进行统计	11			▲
V01	动态测量MeasureGeom—MEA	6	6.1	6.1.1	
V02	测量点坐标ID	6	6.2	6.2.2	
V03	两点的距离DIST—DI	6	6.1	6.1.2	
V04	列表显示List—LI	6	6.2	6.2.1	
V05	面积Area—AA	6	6.1	6.1.3	
V06	调用计算器	6	6.2	6.2.3	
M01	绘制棘爪	14	14.2	14.2.2	
M02	绘制棘轮	14	14.1	14.1.2	
L01	图层与图块	5	5.1 5.2	/	
L02	组	5	5.3	5.3.1 5.3.2	
L03	隔离对象	5	5.3	5.3.3	
L04	洁具的绘制（1）	5			▲
L05	厨具的绘制（2）	5			▲

注意：表中带▲的学习卡片表示因图书篇幅所限，不提供操作步骤，只在配套下载资源中提供教学视频。